dop 室内高端施工图项目流程管控

● 赵 鲲 张 庆 陈郡东 著

广西师范大学出版社
·桂林·

施工图设计越来越难做，是很多从业者的切身感受。

"难"在技术，更"难"在报价、沟通。

"难"在服务外行，更"难"在服务同行。

"难"是困难，更是为难，总有意想不到的情况干扰项目的进程，但又无力解决。

对于施工图服务来说，图纸是根本，但仅仅画好图纸已经无法完全满足业主的需求了。

一个项目从商务谈判到成果提交的过程中，除了制图以外，有着完整的必要流程，环环相扣，哪个环节失控都会影响项目的进行。管理者需要清晰地了解流程、把控流程、预判难点、应对难点，这样才能做好项目，在竞争激烈的施工图市场上立足。

本书介绍的经验来源于 dop 设计的实践，为了便于大家理解，书中使用了第一人称的写法，里面"我"和"老王"的故事取材于发生在作者之一张庆身上的故事。希望同业的朋友们看过这本书以后，能让施工图的"难"变得容易一些，让难点提前暴露，让解决方案有据可依。

室内施工图的标准就是没有标准。

赵鲲

目 录
CATALOG

商务阶段
BUSINESS STAGE

一、

工作范围

——报价从明确工作范围开始

我的一个设计师朋友老王最近接了一个餐厅项目，甲方在了解了他的过往案例后，让他报一个价格。老王根据之前类似项目的经验，给了一个一口价，甲方觉得价格合适，这件事就定下来了。

过了几天，老王向甲方汇报方案，其他都没有问题，但是甲方质疑老王的平面布局里没有厨房。老王赶紧解释：厨房的方案需要由专业单位设计，所以按照行规，厨房区域并不在自己的工作范围之内。

对于甲方来说，这个解释无法接受："我不懂行规？说好的设计费就应该包含餐厅

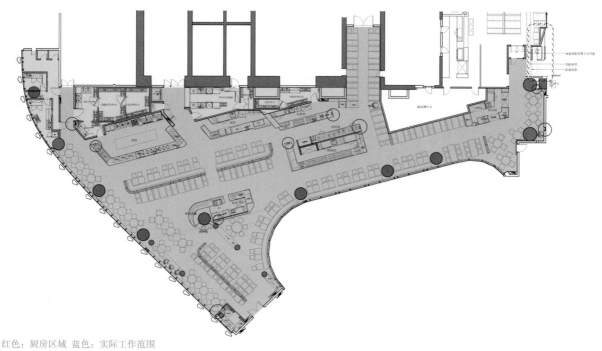

红色：厨房区域　蓝色：实际工作范围

的所有范围，怎么能把厨房分出去？"

这个问题到底怪谁？责任还是在老王，因为设计师作为专业人士，有义务把工作范围和非工作范围明确地告知甲方，而不能想当然地认为他知道，这样才能让大家的信息同频，减少误会。

还有人说，有的甲方会提供工作范围说明，双方按给定的范围报价就好了。

即使甲方已经提供了工作范围的参考，设计方也要做复核工作。首先，要复核工作范围是否全面，有没有遗漏；其次，复核工作范围有没有含糊不清的边界。

以下图为例，甲方在项目初期提供了两张建筑平面图和一份项目任务书。但在项目任务书中，对于工作范围只提供了文字描述，如工作范围为一层与二层的会议室、报告厅、过道、卫生间、大堂、连廊……这些空间是比较零散的，空间之间的边界并不清晰。在这种情况下，工作范围的不准确，很可能导致报价的偏差。

甲方提供的一层平面图

我们在和甲方沟通后发现，甲方自己对于工作范围的理解也是模糊不清的。我们只能和甲方一起梳理、沟通，最终达成共识，确定了哪些是精装的工作范围，哪些是专业分包的工作范围，哪些是建筑的工作范围，准确的边界到底在哪里。经过这一轮梳理和沟通，甲方对整个项目的情况有了更深入的了解，工作范围和报价更加精准了，同时也为后续的施工界面划分和招标提供了明确的方向。

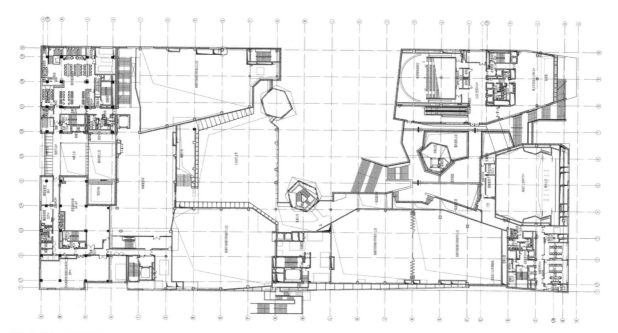

甲方提供的二层平面图

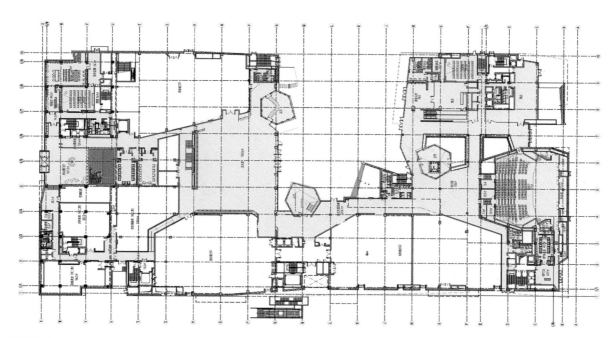

明确设计范围后的一层平面图

商务阶段

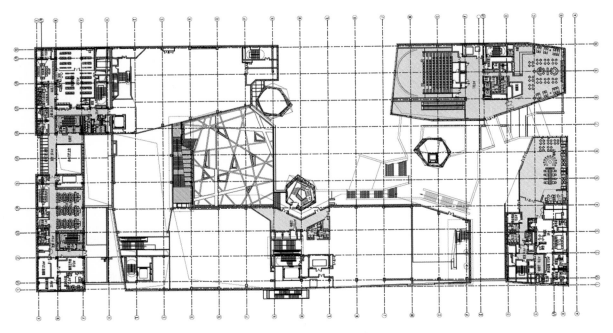

明确设计范围后的二层平面图

1. 什么是工作范围

到底什么是工作范围？这里说的工作范围特指室内设计覆盖的平面部分，设计收费一般都是以这个部分的面积作为标准，再乘以平方米单价得来的。如下图，这是一套住宅项目平面图，红色阴影部分就是我们说的工作范围。这种表现形式，被普遍用于和甲方确认项目的工作范围。

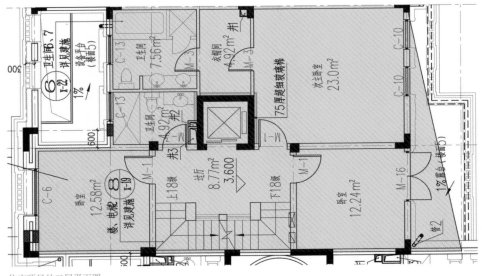

住宅项目的二层平面图

有人可能会有疑问，为什么这个范围不是把整个的二层平面都覆盖在内呢？为什么不能往里或者往外一些？这个工作范围的边界标准到底是什么？

在回答这些问题之前，我们需要先了解一下行业背景。国家对于建筑面积的计算有比较明确的规定，但对室内设计来说，这些规定只起到一定的指导作用，并不完全适用。由于地区或项目类型的不同，工作范围边界的界定标准并不明确，它更像一种约定俗成的行规，了解了这一点以后，我们再来回答上面的问题。

首先，平面图左上方的位置标明的是设备平台，它本身不需要设计，所以不属于室内的设计范围。其次，下方的露台为什么不全部包含在内呢？根据标准，半封闭空间（如露台）通常只计算一半面积，全封闭空间则计算全部面积。红色区域的边界线刚好是在墙体的中间，这也是根据行规得出的。共享挑空区域设计面积的计算，同样没有明确的标准，如果是住宅项目，可以考虑按一半面积计算；如果是大型商业项目，则一般不计算面积。

是不是知道了工作范围，就可以算出工作量，给出相应的报价了呢？如果你做的项目只是住宅项目，那就差不多可以了。但如果你做的是商业项目，你还需要知道工作范围内怎样划分不同的区域。

2. 工作范围的划分

先来看一个案例。老王问我，一个精品酒店的施工图项目，一万平方米左右应该收多少钱。我想了一下说："只知道一个大概面积，这个价格不太好报。"他无法理解，说："这有什么报不了的？酒店设计费一平方米收多少钱告诉我不就好了！"我告诉他："酒店项目只按单平方米均价乘以面积来计算费用并不合理，我们一般在计算酒店项目的时候，对不同的设计区域会收取不同的费用。"比如，按照 dop 设计的报价要求，精装区是一个收费标准，非精装区是另一个收费标准。而精装区又分为公共区域和客房区域，收费标准也不一样。如果你只提供一个酒店的大概总面积，我无法判断这些区域的大小，无法比较准确地给出报价。当然，如果你只想很粗略地报给业主一个价格，用单价乘以面积也可以。

老王听完以后有点蒙：我当然想报一个合理又能让业主信服的价格，不过一个报价，有必要这么麻烦吗？给甲方一个平均价格不是挺好的吗？可能很多设计师也会这样认为，但实际上，这种报价方式过于简单，也缺乏说服力。因为不同区域的复杂程度不同，工作量不同，相应投入的人员和时间也不一样，一份合理的报价应当体现这种差异，而不是将所有区域混为一谈。假设我们共同竞标这个项目，单从报价角度来考虑，哪怕我们的总价一样，但是有依据的报价，对甲方来说更有说服力。

有人觉得，我平时做的项目也就是售楼处、小型办公或者小型餐饮之类的，都是按面积算均价，甲方也都认同，那还有必要了解这些吗？

首先，这些项目本身不管体量大小，只要是商业项目，都会涉及不同工作范围的划分，同时，精细化的思考对后续的工作安排也更有益。其次，机会往往留给有准备的人，平时常用正规的思考方式训练自己，一旦有机会接触更优质的项目，就会比别人更有竞争力。

常见的工作范围划分方式有两种：一种是按精装区与非精装区划分；另外一种是按标准户型与非标准户型划分。

（1）精装区（前场）与非精装区（后场）以及非设计范围

精装区与非精装区是根据装修程度的差异来划分工作范围的一种方式。例如，在餐厅项目中，前台、包间和卫生间通常属于精装区（前场），即客人可以到达的区域；而仓库和厨房属于非精装区（后场），即客人通常不会到达的区域。再如，在酒店项目中，大堂、客房、电梯厅等属于精装区；办公室、员工更衣室、布草间等则属于非精装区。

以酒店宴会厅平面图为例，第9页图中被红色和蓝色阴影覆盖的部分就是工作范围，留白区域则是非设计范围，蓝色阴影覆盖的部分代表精装区（前场），即客人可以到达的区域；灰色阴影覆盖的部分代表非精装区（后场），如储藏室、上菜通道、厨房等空间，但是也需要设计。留白的非设计范围很好理解，即完全不需要设计考虑的范围。

对设计方而言，划分精装区与非精装区有两方面的意义。首先，提醒业主非精装区的存在，并确定这些区域是否需要包括在设计方案和施工图服务中；其次，这种划分在设计费用报价上也有所体现，因为前场区域的施工图报价通常会高于后场区域。

（2）标准户型（可复制）与非标准户型（不可复制）

标准户型是指一个项目中数量最多，并且平面布局和设计标准完全一致的户型，酒店标准客房和精装修住宅的标准房型都属于这个范畴。对于标准户型，只要完成一套的设计，其余相同户型就可以完全复制这一套。

与标准户型存在差异的户型被称为非标准户型，非标准户型的不同主要体现在建筑

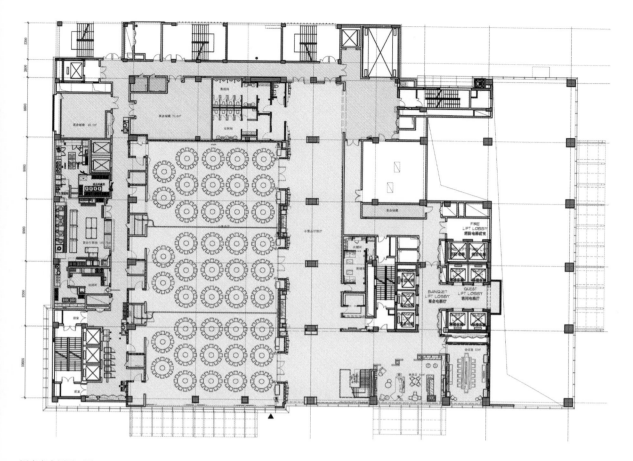

酒店宴会厅平面图

结构、平面布局和方案设计的各方面。对于非标准户型,需要判定的是它与标准户型的差异到底有多大,差异越大,收取的费用也会越高。

以一个酒店的客房层平面图为例,下图中一共有21套客房,其中,A户型是标准双床房,B户型是标准大床房,其他都是基于这两种户型衍生出的非标准户型。

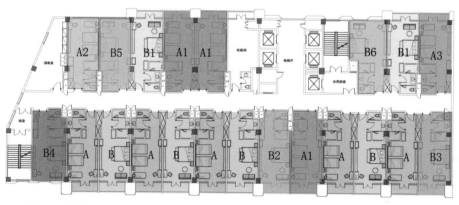

酒店客房层平面图

在计算工作范围的时候，A户型一共有5套，我们只按一套计算，B户型也同样如此，因为标准户型只出一套图纸就可以，工作量也只计算一次。当然，因为标准户型的样板价值和套用价值，报价相应要高一些。

非标准户型需要根据变化程度的大小来单独报价。例如，标准户型报价1万元每套，那么变化程度在20%左右的户型，可以报价2千元每套，因为有80%的图纸可以套用标准户型。

在大型酒店或办公项目的设计中，除了区分标准户型与非标准户型外，还会延伸出另外一种划分形式——标准层与非标准层，划分原则与标准户型和非标准户型一致，唯一的区别在于一个单位是"户型"，一个单位是"层"。

划分标准户型与非标准户型对设计师来说，其最大的意义在于能够客观判断图纸设计的实际工作量，并据此准确制定设计报价。工作范围的划分本质上是根据不同程度的设计要求对不同区域进行分类，从而根据不同的工作量设定不同的收费标准。

3. 怎样确定工作范围

在与甲方确定工作范围时，通常会遇到两种情况：一是具备确定条件；二是缺乏图纸等具体条件。

（1）具备确定条件
当具备确定工作范围的条件时，例如，业主已经有相应的平面布局图纸，并且平面不会做太大的变动。这种情况下的工作范围的确定步骤如下。

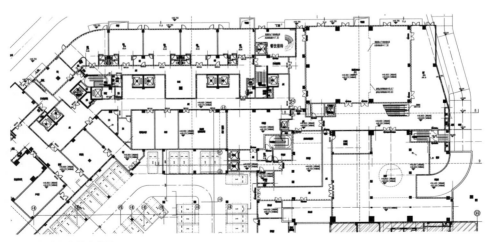

在平面图中圈定设计范围

第一步，确定项目中的总体工作范围，在平面图上圈定出这些范围。

第二步，依据前面介绍的工作范围的划分方法，将不同的工作范围用颜色进行区分（下图中用不同颜色区分了项目的不同空间），并计算各自的面积。

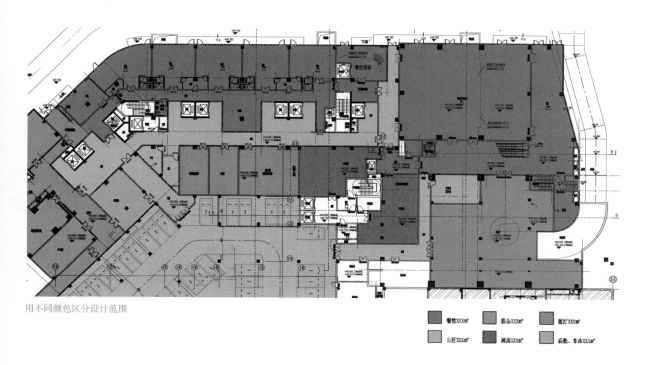

用不同颜色区分设计范围

第三步，将工作范围提交设计主管确认。工作范围的判断比较复杂，尤其是在缺乏相关项目经验的时候，所以，最终的工作范围必须由公司的设计主管核实、确认。

第四步，经核实、确认的工作范围最好以图纸形式明确展示，并作为报价或合同的一部分，以附件形式提交给业主。设计方单方面划定的工作范围，若未获得业主的同意并在合同中明确，任何由此引发的争议都将对设计方极为不利。

有的项目业主比较专业，报价前提供了设计范围，同时也提供了相关图纸，对于设计方来说，仍然要按照上述步骤进行方位和面积的复核，做到心中有数。

（2）不具备确定条件

如果业主说目前没有图纸，只有一个项目的大概面积，但是急着要报价，我们可以先与业主确定不同工作范围的单价。比如，将精装区和非精装区的单价报给业主，具体工作范围可以等后续资料完善后再确定。同时，在合同当中对这种情况加以说明，最终报价以实际设计面积为准。

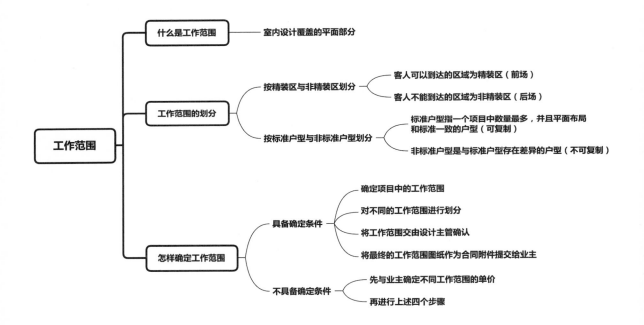

工作范围
├─ 什么是工作范围 ── 室内设计覆盖的平面部分
├─ 工作范围的划分
│   ├─ 按精装区与非精装区划分
│   │   ├─ 客人可以到达的区域为精装区（前场）
│   │   └─ 客人不能到达的区域为非精装区（后场）
│   └─ 按标准户型与非标准户型划分
│   ├─ 标准户型指一个项目中数量最多，并且平面布局和标准一致的户型（可复制）
│   └─ 非标准户型是与标准户型存在差异的户型（不可复制）
└─ 怎样确定工作范围
    ├─ 具备确定条件
    │   ├─ 确定项目中的工作范围
    │   ├─ 对不同的工作范围进行划分
    │   ├─ 将工作范围交由设计主管确认
    │   └─ 将最终的工作范围图纸作为合同附件提交给业主
    └─ 不具备确定条件
        ├─ 先与业主确定不同工作范围的单价
        └─ 再进行上述四个步骤

二、

工作内容

——你觉得只需要做画图一件事，业主却认为你该做十件事（哪些做，哪些不做）

本节要介绍的是施工图设计中的工作内容，工作内容不清晰也会对报价和后续的设计工作造成巨大影响。很多时候在设计方看来，施工图设计只有画图一件事，但在业主看来，只要是和项目有关的工作都应该由设计方负责。

老王最近接了一个健身房项目，由于他之前是住宅设计师，没有太多商业项目经验，所以对这个项目格外重视，想通过这个项目实现转型。10天以后，我问了一下老王项目进度，结果他满脸愁容地告诉我，项目黄了，和业主的关系也搞得很僵。老王说，合同签订后，他就加班加点地出图纸。图纸刚刚画完就发给了业主。可没过两天，业主打来电话说要先经过图纸送审才能施工，让老王尽快做好这件事。但老王根本不了解图纸送审，以前从来没遇到过这种情况，家装不是设计好了直接施工吗？

了解过后他才知道，商业项目并不像住宅项目那样简单，达到一定规模的项目图纸还需要经过审图公司审核，确定设计是否符合规范，如果不符合还需要重新调整方案。

不仅如此，送审单位必须具备相应的设计资质，盖章后才能报审。于是老王把这件事告诉了业主，图纸送审能不能让业主来操作。结果可想而知，业主没有同意。在业主看来，既然我找了设计师，这些问题都应该是设计师解决的。

为什么会出现这种情况？原因很简单，项目启动之前，我们可能都不知道自己的工作内容到底有什么，觉得只要画好施工图纸就够了。

还有一类常见的问题：项目启动前，已经和业主沟通过设计师负责的工作内容，但是工作开始后，还是会因为设计内容方面的问题与业主产生分歧。比如，在设计中包含二次机电设计，结果业主认为智能化设计、音视频、会议系统等弱电设计也在你的范围之内。

我们不难看出，同样的问题，双方的认知并不相同。设计师认为，二次机电不包含弱电设计，弱电设计应该由专业的顾问单位来做，而业主认为：我不管强电弱电，机电设计就应该全部包含。这种情况在设计工作中非常普遍，都是对工作内容的认知差异造成的。

解决这个问题并不困难。在项目施工前，将项目过程中可能涉及的所有与施工图设计相关的内容罗列出来，一项一项与业主确认，问题就迎刃而解了。

这个方法虽然简单，但摆在绝大多数设计师面前的困难是，并不知道一个完整的施工图设计中，到底都包含哪些工作内容。下面就来看看施工图设计中，具体都包含哪些工作内容。

在商业设计中，施工图设计包含的工作内容通常有以下几项：方案设计、施工图设计、二次机电设计、结构设计、设计服务以及其他专项设计。我们做的项目中不一定会包含所有内容，但每增加一项内容，设计的成本就会相应地有所增加。

1. 方案设计

这里说的方案设计，特指在施工图设计中，对原有方案没有覆盖到的区域进行延展性、补充性的设计，可分为两种情况：类似空间和后勤区域（后场区）。

（1）类似空间

类似空间是参考原方案进行的调整性设计工作，也称"翻图"或"套图"。比如，上一章中提到的标准户型与非标准户型。下页图中两个户型的设计方案一样，但非标准户型中有 3 处与标准户型存在差异。在这种情况下，方案设计师不会因为这 3 处的差异再另出一套方案，这就需要施工图设计师根据标准户型来推导和调整方案，完成非标准户型的图纸制作。这种由于户型的差异导致方案局部调整而额外增加的工作量就需要提前考虑。

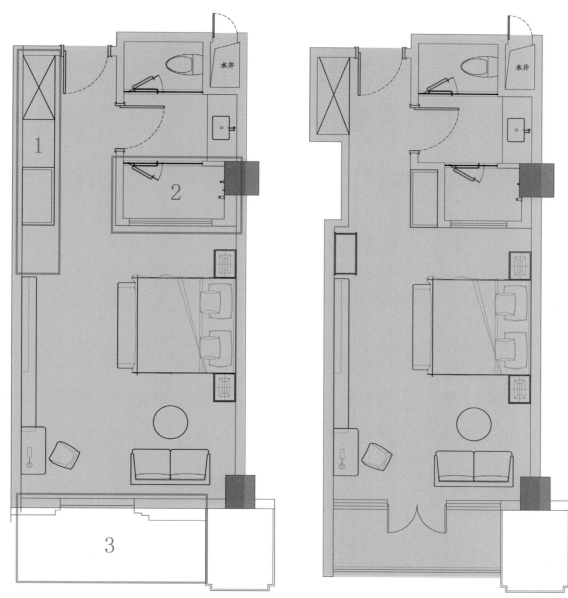

非标准户型（左），标准户型（右）

（2）后勤区域（后场区）

后勤区域（后场区）是指客人不会到达的区域，包括办公、通道、员工餐厅、仓储等区域。

一般业主对于后场的设计要求并不高，经常会把后场的方案设计包含在施工图工作中，有些简单的后勤区域按照装修标准出图即可，如通道、仓储空间；还有些后勤区域对效果和功能有一定要求。以酒店后场的员工餐厅为例，业主给的资料只有一张原始平面图和用材清单、人员指标，施工图设计单位要根据这些要求进行全套的方案设计，也要提供效果图、材料样板，对业主汇报，方案通过后再根据施工图工作。

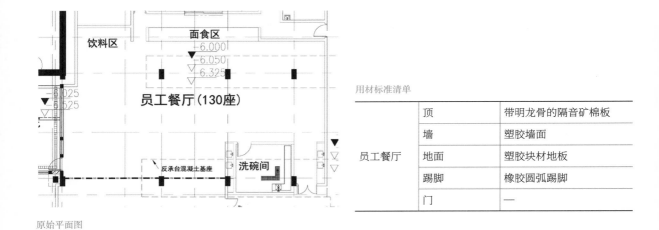

	顶	带明龙骨的隔音矿棉板
	墙	塑胶墙面
员工餐厅	地面	塑胶块材地板
	踢脚	橡胶圆弧踢脚
	门	—

用材标准清单

原始平面图

这些需要补充的方案设计内容，虽然不是施工图设计的本职工作，但既然包含在项目合同当中，在承接项目的时候，就要对有可能增加的内容有所准备。

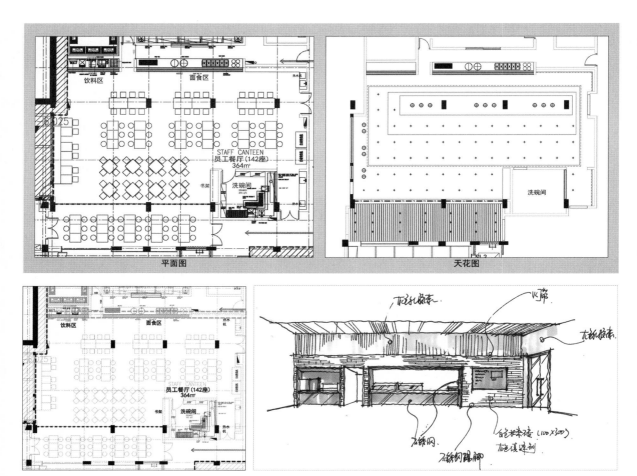

方案设计

2. 施工图设计

施工图设计的核心工作是结合相关的设计资料、信息，绘制出一套体系完整，能够体现设计方案，满足施工需求，同时还必须符合相关法律规范要求的图纸。

一套完整的施工图纸一般包含 8 个部分：图纸目录、设计说明、材料表、平面系统图、放大图、立面图、门表图和节点图。

（1）图纸目录

由于项目类型和各家公司的图纸体系不同，图纸目录并没有一个统一的标准。所以对图纸目录来说，只要能够清晰地表达图纸编目体系，并充分考虑了项目类型和标段划分等因素即可。

（2）设计说明

设计说明对于一个项目来说非常重要，它是一套图纸的说明书。所有在图纸上无法表达或需要重点强调的内容，都能在设计说明中体现。但对很多设计师来说，设计说明又恰恰是最容易被忽视的部分。经常能看到一些设计师，拿之前项目中的设计说明，不做任何修改就直接套用。

（3）材料表

材料表是关于这套图纸所属项目中全部装饰材料（面材）的汇总和索引。

（4）平面系统图

平面系统图并不是一张图纸，它是项目中所有平面图纸的总称。由于各家设计公司的规范要求不同，所以，平面系统图中具体的图纸张数标准并不统一。以 dop 设计的制图规范为例，平面系统图中一般包括平面布置图、尺寸定位图、天花布置图、综合天花板地坪布置图、机电点位图、天花灯具连线图等。当然，根据项目的类型和项目的体量也会做相应的调整。

（5）放大图

一般有两种情况需要绘制放大图。

第一种是平面图纸过大，采用常规平面图的比例和图框已经无法清晰表达。我们就把这张图纸用作总平面图，再把总平面图分割成若干小区域，并相应放大。例如，一个商场的总平面图由于面积太大，被分成了两个区。

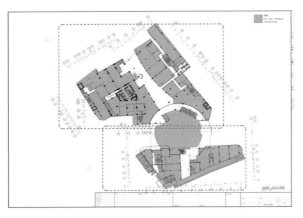 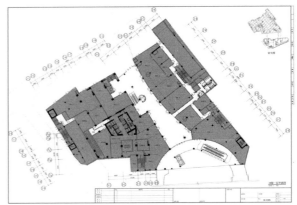

总平面图

第二种是将复杂程度高、细节丰富，但无法清晰表达的重点区域放大。下图是对区域总平面图中卫生间位置的放大，这就是重点区域。虽然只是一个卫生间，但在区域总平面图中无法将这个区域表达清楚，所以会把这个区域做放大处理。

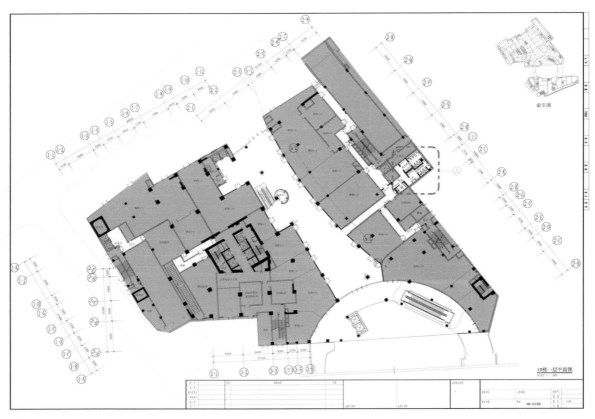

区域总平面图

重点放大

（6）立面图

立面图是以平面图、天花图为基础，按正投影方法绘制成的图纸。它主要用来表达室内的造型、尺寸、材料等设计信息。

（7）门表图

门表是把所有装饰处理过的门进行编号，编制在一起，呈现不同门的种类和信息的图纸。这里需要注意一点，门的节点属于门表的一部分，所以可以编制在门表后面。

（8）节点图

节点图是对于在平、立面图上无法表达清楚的造型、尺寸、材料交接、收口处理、内部构造、安装方式做进一步绘制的图纸。节点图一般分为4类：天花节点图、地坪节点图、墙身节点图和固定家具节点图。它们都是对不同位置设计要求的详细描述。

关于施工图绘制的内容可以参考其他相关书籍。

3. 二次机电设计

二次机电设计是在不改变原有一次机电系统和主管线设计的前提下，结合调整后的装饰平面布局、功能和相关规范，进行支管及末端的机电设计。

在建筑刚建成时，还没有确定未来的详细布局，但为了满足国家规范的要求，需要有配套的机电设计，项目才能验收通过，俗称一次机电设计。室内设计介入后，所有的功能被细化，流线被调整，空间布局改变了，原有的机电设计已经无法满足现在的项目要求，需要二次设计，俗称二次机电设计。二次机电设计中包含 3 个专业，分别为电气分支系统设计、暖通分支系统设计和给排水分支系统设计。

（1）电气分支系统设计

电气专业一般会分强电设计和弱电设计。强电设计的工作界限，是从楼层分配电箱到各个房间的用电末端，包括照明、插座和空调配电设计。这里说到的强电设计，是不包含楼层配电间和机房的主系统设计的。

弱电设计要更复杂一些，最常见的弱电设计工作包括电话和网络这两部分。更专业的弱电设计则包含会议系统、安防系统、客控系统、多媒体、音视频等更加宽泛的内容。近年来，由于一些弱电设计特殊的使用需求和所选专业设备的关系越来越紧密，其要求已经远超出了常规二次机电设计的能力范围，因此，在项目中多把弱电设计独立出来，交由专业弱电设计单位完成。

也正因为如此，如果不在前期说明弱电设计是否包含在设计工作内容之中，就很容易造成业主与设计师之间的矛盾。

（2）暖通分支系统设计

暖通设计的工作界限，是从各楼层的空调机房到各个房间的空调设备末端，包括空调机、风口平面布置和各支管管路平面布置。这里说的暖通设计并不包含机房内的设备调整和主管道的走向变更。

（3）给排水分支系统设计

给排水设计的工作界限，是从给排水主立管接出后到各个房间的给排水末端，包括给排水末端点位平面布置和支管管路平面布置。这里说的给排水设计，并不包含原立管系统和雨水系统的调整。

在以上二次机电设计包含的 3 个专业中，有两点需要注意。第一，很多设计师会把消防相关设计，认为是二次机电设计中的一个专业。其实，二次机电设计中的电气、暖通、给排水等分支系统设计中都会涉及和消防有关的内容。比如，消防中的喷淋属于给排水设计，消防中的强排烟属于暖通设计，消防中的烟感和消防广播属于电气设计。第二，二次机电设计首先要满足国家规范和功能性的要求，当二次机电设计与装饰设计效果发生冲突时，应该优先满足二次机电设计的要求。这就要求在平面设计方案确定后，第一时间就要与二次机电设计相关专业设计师沟通，以免造成后期因不符合规范而导致的图纸返工。

有人可能会比较疑惑，既然二次机电设计是由相关专业的设计师完成的，那我为什么还需要了解这些内容？主要原因有两个：第一，不是每个业主都清楚二次机电设计这部分工作，我们有义务向他们说明；第二，如果在施工图设计中包含了二次机电设计，这就是工作内容的增加，需要考虑设计成本。

4. 结构设计

结构设计主要涉及建筑结构的改造，如楼板开洞、加固，新建楼梯、夹层等。这部分内容也容易被大多数设计师忽略。结构设计本身属于专项设计，必须要由具备出图资质的专业设计院来完成。

由于需要专业设计师去做这部分工作，并且加盖设计专用章，因此一样存在额外的费用，所以在项目评估时，涉及结构改造的部分，要与甲方提前达成共识。

结构设计

5. 设计服务

设计服务涵盖的内容相对比较宽泛，如前面提到的图纸送审所需的图签图章、现场测绘、项目交底、项目驻场等都属于设计服务。例如，很多改造项目没有建筑图纸，或者图纸老旧，需要现场测绘。如果项目在异地，设计服务还会产生差旅费。这些无形的工作内容很容易被忽略，但实际上都会增加工作内容和成本，所以在签订合同时都需要和甲方确定清楚。

6. 其他专项设计

上面说到的二次机电设计和结构设计都属于专项设计，由于这两项在商业项目当中经常出现，所以将它们算在了施工图设计工作的常见内容中。下面要说到的一些专项设计，并不一定在所有的项目中都会出现，要根据具体的项目类型来判断。

（1）灯光设计

灯光专业的设计，主要是针对一些对灯光有较高要求或专业要求的项目。例如，酒店、体育场馆、夜店、艺术展厅等，包括一些建筑外观的灯光设计，这些都需要专业的灯光顾问介入，才能达到相应的效果。

灯光设计

（2）声学设计

日常工作中与声学专业相关的、最常见的就是隔音问题，如酒店客房、会议室、机房的隔音。这些还只是声学设计中比较基础的，如果是剧场或者报告厅，对声音效果的要求更高。不管哪种空间类型，如果业主需要明确的指标性的声学效果，都需要专业的声学设计。

剧场

（3）厨房设计

对一些专业餐饮空间和酒店来说，厨房是一个专业单位才能设计的空间，它并不像我们自家或者路边小型餐厅的厨房，只要满足基础的做饭功能就可以，而是一套完整的厨房系统，需要根据不同的餐饮类型、业主的要求、卫生防疫规范来进行定制化设计。

厨房设计

（4）智能化设计

很多设计师容易把智能化设计与上面所说的弱电设计混淆，简单一点可以这样理解：弱电是一个大类，智能化中有涉及弱电方面的内容。还有一点需要注意：智能化系统并不是单独存在的系统，它会应用到很多其他系统的技术支持，如智能化与空调系统的结合，再比如，智能化与安防系统的结合等。

（5）标识系统设计

平时，我们在购物中心、商业街、地铁站、飞机场都能看到明显的导视标识，它们能直观、明确、快捷地通过视觉设计传递引导信息，并且不需要文字辅助，简单易懂。对于一些复杂的空间来说，导视系统能很好地提高购物体验，并起到动线指引的作用。

由于现在的标识系统不仅要考虑功能性和稳定性，还要结合一定的艺术性，所以，标识系统是需要由专业的设计单位完成的。

导视设计

除了以上这些专项设计以外，还有一些其他内容，如艺术品设计、泳池设计、艺术装置的设计，这些都属于专项设计。

由于施工图设计涉及的内容较多，所以设计师有义务和责任做好各个专业间的对接工作，让方案设计和各专业设计的内容最终得到整合与落实。

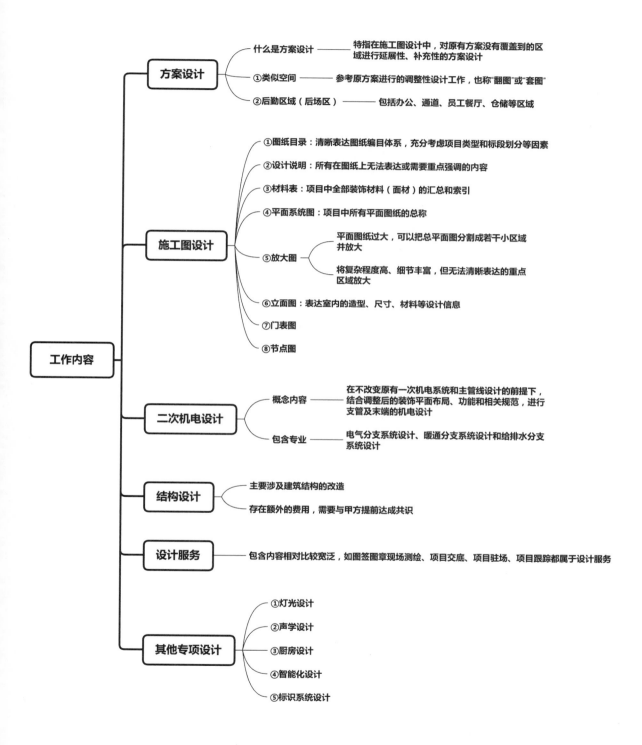

工作内容

方案设计
- 什么是方案设计 —— 特指在施工图设计中，对原有方案没有覆盖到的区域进行延展性、补充性的方案设计
- ①类似空间 —— 参考原方案进行的调整性设计工作，也称"翻图"或"套图"
- ②后勤区域（后场区）—— 包括办公、通道、员工餐厅、仓储等区域

施工图设计
- ①图纸目录：清晰表达图纸编目体系，充分考虑项目类型和标段划分等因素
- ②设计说明：所有在图纸上无法表达或需要重点强调的内容
- ③材料表：项目中全部装饰材料（面材）的汇总和索引
- ④平面系统图：项目中所有平面图纸的总称
- ⑤放大图
  - 平面图纸过大，可以把总平面图分割成若干小区域并放大
  - 将复杂程度高、细节丰富，但无法清晰表达的重点区域放大
- ⑥立面图：表达室内的造型、尺寸、材料等设计信息
- ⑦门表图
- ⑧节点图

二次机电设计
- 概念内容 —— 在不改变原有一次机电系统和主管线设计的前提下，结合调整后的装饰平面布局、功能和相关规范，进行支管及末端的机电设计
- 包含专业 —— 电气分支系统设计、暖通分支系统设计和给排水分支系统设计

结构设计
- 主要涉及建筑结构的改造
- 存在额外的费用，需要与甲方提前达成共识

设计服务
- 包含内容相对比较宽泛，如图签图章现场测绘、项目交底、项目驻场、项目跟踪都属于设计服务

其他专项设计
- ①灯光设计
- ②声学设计
- ③厨房设计
- ④智能化设计
- ⑤标识系统设计

三、

工作标准

——扯皮大部分是因为没有统一的标准

最近，老王在配合一家设计公司做一个书店的施工图设计项目，由于之前有过教训，因此这次格外慎重，在签合同之前反复沟通，生怕再出什么问题。最后，老王看了一下 20 天的设计周期，心想虽然时间有点紧，但努努力还是可以的。结果还是问题不断……

第一个问题。

因为设计公司提供了平面布置图，所以前几天调整墙体、线型、尺寸定位，工作正常完成。接下来要做天花、地坪图了，助理向老王要资料，老王才想起来，除了效果图，设计公司的方案设计师好像说过还会提供一个 SU 模型供参考，但是到现在也没给。于是，老王马上联系了方案设计师李工："之前说过的模型能不能给我啊？现在需要了。"李工说："我说过吗？哦，好像是说过，不过最近实在太忙，那个模型我就不做了，王工你就按效果图发挥吧，我相信你的实力。"老王心想：怎么说话不算数呢？效果图只有 3 张，看不到的地方我怎么发挥？他只好说："能不能让方案设计师提供一个天花的大概布置图？起码要有造型样式和标高、材质吧！"李工说："这样啊？那要给我点时间。"两天后，对方才给了老王天花草图，还质疑了老王的专业性。

明明是方案设计师没有按照约定执行，最后却变成了老王的问题。

第二个问题。

老王在完成了所有的平面系统图后，按约定提交给设计公司确认。刚发出去不到半个小时，李工的电话就来了："王工，你这图有问题啊，平面系统图怎么这么少？之前和我们合作的深化公司平面系统图都有十几张，你怎么才出了 7 张图？"老王耐心地向对方解释："很多深化公司出那么多平面系统图，其中很多并没有什么实际的意义，明明可以合并在一张图上表示的内容，硬要拆成两张或更多的图来表示，我虽然只有 7 张图，但是该表达的内容都不缺啊。"可是李工并不认同老王的说法，无奈之下，老王只能妥协，在拆分补充了几张平面图后，图纸才勉强通过。

第三个问题。

在还有两天到交图日时，老王提前完成了全套图纸。为了稳妥起见，剩下的两天老王认认真真地将图纸审核了一遍，觉得没有什么问题后，将图纸提交给了设计公司。第二天李工又打来了电话："王工，你这套图纸的节点深度不够啊，我随便找了一套图都要比你的这套详细。"老王有些急了：什么叫"随便一套图都比我详细"？他立刻直奔对方公司而去。半小时后，老王手里拿着一套酒店施工图，站立许久，却无言以对。

让老王无言以对的并不是这套图纸，而是对方不可理喻的想法：明明花的是夏利车的钱，却想要宝马，完全没有考虑到这样一套高标准的酒店施工图需要多少钱、多少时间。

在这个案例中，老王签订合同时已经非常谨慎了，反复确定了设计范围和设计内容，可最后还是出了问题。到底是什么原因？其实，最大的问题出在工作标准上，项目启动前，双方对很多标准并未达成共识，所以才会导致工作中接二连三地出现问题。而在我们的实际工作中，关于工作标准的问题并不只有图纸标准这一项。为了在日后的工作中减少损失、降低风险，我们需要了解施工图设计中容易出现扯皮的标准问题，包括提资标准、图纸标准、服务标准、成果标准。

1. 提资标准

施工图设计处在设计链条中的末端，需要有前端的提资供给才能开展工作。提资标准是指在最低限度上，我们需要哪些设计资料，这些资料最少要表达出哪些内容。只有符合了这些条件，我们才能启动施工图设计工作。

就像前面的案例中提到的，方案设计师最少要提供基础的平面布置图，图纸上起码要表现出功能分隔、家具摆放、门窗位置、大的造型，施工图设计师才能够跟进。而基础的天花图最起码要表达造型形式、天花标高、材质，否则，有效果图区域的还可以根据效果图理解、猜测，没有效果图的区域连猜都没办法猜，是无法进行施工图设计的。

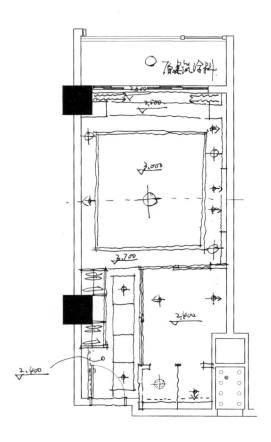

天花布置图

以下是 dop 设计对设计提资的标准：建筑、结构、幕墙、一次机电图纸，方案文本、效果图或模型，材料表、物料选型，平面、天花和地坪的基础 CAD 文件，以及在方案阶段所出的基础立面图。

上述方案资料没有涉及的空间要给出方案的参考意向。

其实，提资标准在执行上很难统一，因为每个方案设计公司的能力和对施工图提资的内容理解都不一样。有些负责任的公司甚至会提供完整的室内 SU、RHINO 模型，而有些公司可能只提供平面图和几张效果图。

如果死板地执行标准——你不按要求提供这些资料，我就不能工作——就有可能推进不了项目；而过分地妥协——缺什么都没有关系，我先干着——则会导致工作缺乏依据，不断地修改和扯皮。

针对以上情况，施工图设计师要学会变通。在守住底线的情况下，知道哪些内容是可以用语言沟通表达的；哪些是可以不用图纸，用图片来表达的；哪些是可以采用手稿表达的；哪些是可以反向提给方案设计师建议，让他按照我们的思路进行的。

2. 图纸标准

图纸标准涉及的是图纸的体系标准、表达标准和深度标准。

（1）体系标准

图纸体系是指构成一套图纸的具体内容，一般图纸体系由 6 部分内容构成：说明类图纸、平面类图纸、立面类图纸、重点放大类图纸、门表类图纸和节点类图纸。

下图中，不同的色块代表的是不同的构成内容。

目录

页码	图纸编号	图纸名称	图幅	比例	页码	图纸编号	图纸名称	图幅	比例
		封面			27	ID-71-01-02	一层公共卫生间放大图（二）	A3	1:50
01	ID-01-01	图纸目录	A3		28	ID-71-02-01	二层公共卫生间放大图（一）	A3	1:30
02	ID-02-01	设计说明	A3		29	ID-71-02-02	二层公共卫生间放大图（二）	A3	1:50
03	ID-03-01	材料表	A3		30	ID-71-03-01	二层主卧卫生间放大图（一）	A3	1:30
					31	ID-71-03-02	二层主卧卫生间放大图（二）	A3	1:50
04	ID-21-L1-01	一层平面布置图	A3	1:50					
05	ID-22-L1-01	一层尺寸定位图	A3	1:50	32	ID-82-01	门节点图(一)	A3	见图
06	ID-31-L1-01	一层天花布置图	A3	1:50	33	ID-82-02	门节点图(二)	A3	见图
07	ID-41-L1-01	一层地坪布置图	A3	1:50					
08	ID-51-L1-01	一层机电点位图	A3	1:50	34	ID-91-01	天花节点图(一)	A3	1:5
09	ID-52-L1-01	一层天花灯具连线图	A3	1:50	35	ID-91-02	天花节点图(二)	A3	1:5
10	ID-52-L1-02	一层平面灯具连线图	A3	1:50	36	ID-92-01	地坪节点图	A3	1:5
11	ID-21-L2-01	二层平面布置图	A3	1:50	37	ID-93-01	墙身节点图(一)	A3	见图
12	ID-22-L2-01	二层尺寸定位图	A3	1:50	38	ID-93-02	墙身节点图(二)	A3	1:5
13	ID-31-L2-01	二层天花布置图	A3	1:50	39	ID-93-03	墙身节点图(三)	A3	见图
14	ID-41-L2-01	二层地坪布置图	A3	1:50	40	ID-94-01	玄关柜节点图	A3	见图
15	ID-51-L2-01	二层机电点位图	A3	1:50	41	ID-94-02	书房书柜节点图(一)	A3	见图
16	ID-52-L2-01	二层天花灯具连线图	A3	1:50	42	ID-94-03	书房书柜节点图(二)	A3	见图
17	ID-52-L2-02	二层平面灯具连线图	A3	1:50	43	ID-94-04	主卧衣柜节点图	A3	见图
					44	ID-94-05	一层公共卫生间台盆柜节点图(一)	A3	1:15
18	ID-61-L1-01	一层立面图（一）	A3	1:50	45	ID-94-06	一层公共卫生间台盆柜节点图(二)	A3	见图
19	ID-61-L1-02	一层立面图（二）	A3	1:50	46	ID-94-07	二层主卧卫生间台盆柜节点图(一)	A3	1:15
20	ID-61-L1-03	一层立面图（三）	A3	1:50	47	ID-94-08	二层主卧卫生间台盆柜节点图(二)	A3	见图
21	ID-61-L1-04	一层立面图（四）	A3	1:50					
22	ID-61-L1-05	一层立面图（五）	A3	1:50					
23	ID-61-L2-01	二层立面图（一）	A3	1:50					
24	ID-61-L2-02	二层立面图（二）	A3	1:50					
25	ID-61-L2-03	二层立面图（三）	A3	1:50					
26	ID-71-01-01	一层公共卫生间放大图（一）	A3	1:30					

DESIGN
上海大朴室内设计有限公司
样板房项目
PROJECT NAME 工程名称
REVISION NO 修改 | DATE 日期
CHLEF DESIGNED BY. 设计负责
DESIGNED BY. 设计
CHECKED BY. 审核
DRAWN BY. 校对
SHEET TITLE 图名 图纸目录
SCALE. 比例 -
DATE. 日期 2018. 08. 08
SPECIALTY. 专业 装饰
STATUS. 阶段 施工图
PROJECT NO. 项目编号 dop-001
SHEET NO. 图纸编号 ID-01-01

图纸目录

在图纸体系中，存在最大争议的是平面系统图的体系标准。下页图为两个不同项目的平面系统图的体系标准，其中一个项目的平面系统图有 7 张，另一个项目的平面系统图有 12 张。

04	ID-21-L1-01	一层平面布置图	A3
05	ID-22-L1-01	一层尺寸定位图	A3
06	ID-31-L1-01	一层天花布置图	A3
07	ID-41-L1-01	一层地坪布置图	A3
08	ID-51-L1-01	一层机电点位图	A3
09	ID-52-L1-01	一层天花灯具连线图	A3
10	ID-52-L1-02	一层平面灯具连线图	A3

035	1F-P01	一层原始建筑图	A3
036	1F-P02	一层平面布置图	A3
037	1F-P03	一层墙体拆除图	A3
038	1F-P04	一层隔墙定位图	A3
039	1F-P05	一层完成面尺寸图	A3
040	1F-P06	一层地坪布置图	A3
041	1F-P07	一层顶面天花图	A3
042	1F-P08	一层顶面天花家具灯具对照图	A3
043	1F-P09	一层顶面造型尺寸图	A3
044	1F-P10	一层灯具定位图	A3
045	1F-P11	一层立面索引图	A3
046	1F-P12	一层机电点位图	A3

平面系统图体系标准

其实，图纸张数的差异，一个原因是项目的复杂程度不同，另一个原因是各个公司对图纸体系标准的理解不同，其本身并不存在好坏和对错之分。在实际项目中需要注意，既然存在这种理解上的不同，那么在项目前期就需要与业主对图纸体系标准达成共识，避免与业主产生分歧。

（2）表达标准
图纸表达与对错无关，只是图面呈现方式的不同。下页两张图是一个项目的两张不同的立面图。通过对比能很明显地看出，虽然是同样的立面、同样的造型、同样的尺度，但由于图纸表达的不同（材质填充和立面配景添加的区别），最后呈现出来的效果也不相同。事实上，两张图在完成度上区别不大，只是手法和习惯不同而已。

dop 室内高端施工图项目流程管控

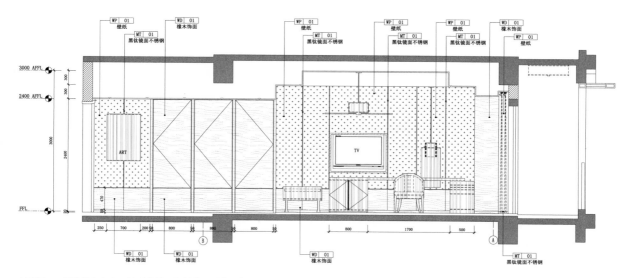

立面图1：材质填充丰富，活动家具、灯具表达到位，但是可能影响硬装造型的表达

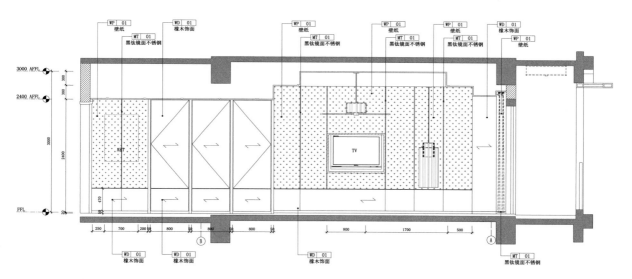

立面图2：材质填充留白，活动物品不表示，图面不够丰富，但是硬装造型表达清晰

既然图纸的表达方式存在不同，那么在项目前期同样需要就图纸的表达方式与业主达成统一标准，以免造成误会。

（3）深度标准

深度标准以下页两张墙体节点图纸为例。虽然都是墙体节点，但明显右图比左图深度更深。这里的深度可以理解为信息量的多少。图纸深度越深，信息量也就越大，表现出来的效果就是图纸更复杂。而对于这两张图纸，普通人都能很容易分辨出哪张图纸信息量更大。

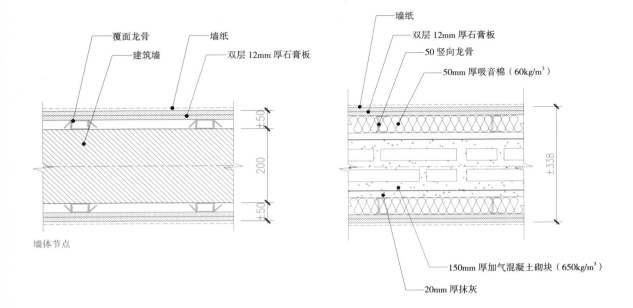

覆面龙骨　建筑墙　墙纸　双层 12mm 厚石膏板

墙纸　双层 12mm 厚石膏板　50 竖向龙骨　50mm 厚吸音棉（60kg/m³）

150mm 厚加气混凝土砌块（650kg/m³）

20mm 厚抹灰

墙体节点

±50　200　±50

±338

在工作中，图纸深度的影响因素有三个：一个是项目本身的需求；一个是专项设计的需求；最后是施工图设计师具备的能力。

①项目需求

需求更偏向于一种外部因素，为了便于理解，这里举一个普通装修房和精装修房的例子。对于普通装修来说，房子可能只会在原有的基础上刷刷墙、铺铺瓷砖，再把洁具和厨房电器安装一下。在这种情况下，图纸的深度不需要很深，只要把材料使用的位置，以及洁具和厨房电器安装的位置示意出来就好了。而对精装修来说，房屋中会增加一些功能和造型，为了能更好地体现这些增加的内容，就要将这些信息表现在图纸中。这时，图纸的复杂度增加了，图纸的深度自然也会增加。可以看出，如果对设计的需求比较低，那么图纸的深度就浅；如果对设计的需求比较高，那么图纸的深度就会深。

②专项设计需求

项目中如果没有专项设计参与，图纸深度主要体现在装修施工的合理性上。比如，左上图中的隔墙节点，深度和正确性没有问题。如果有专项设计，专业顾问的提资深度也会影响施工图的表达和深度，比如，右上图中的隔墙节点是参考了声学顾问的要求之后的深化做法，能够符合相应的隔声要求。

③设计师能力

能力更偏向于一种内部因素，简单地说，就是是否具备绘制深度图纸的能力。很多设计师都会觉得这根本不是什么问题：给我一套样图，我照着画一定能画出一样的深度。但是如果不具备对图纸的理解能力和对节点的分析能力，图纸的表现深度一定是不够的。

由于图纸的深度标准相对来说难以清晰地描述，如果不能在前期和业主达成一致，业主就很容易撇开项目需求、设计师能力，以及支付的成本等因素，片面地去对标高品质项目，对设计师提出过分的要求。

3. 服务标准

在上一章设计师的工作内容中提到过设计服务，但对于设计服务的标准，业主可能与设计师的理解并不一样。服务标准需要注意两点：设计变更和设计服务。

（1）设计变更
设计变更往往是由于业主需求或方案调整而产生的图纸变更行为。如果在项目前期没有明确设计变更的服务界限，就会导致每次看似不多的变更内容，最终汇总下来却是巨大的工作量。很多公司都会在合同中约定，设计变更超出工作总量的 15% 或 30%，要收取设计变更费用。但这个工作总量以什么为标准，15% 或 30% 又该如何计算，其实都并不清楚。我们在后续章节中会具体介绍。

（2）设计服务
在项目施工过程中，施工图设计师可能会进行一些设计交底工作，并会定期参加一些工程例会，同时还会协调解决一些现场突发问题，这些都属于设计服务的内容。

设计服务肯定会有成本产生，并且业主和设计师会在对标准的理解上产生分歧。有些业主会认为项目的设计服务就是随叫随到，甚至等同于驻场设计，所以不愿为此买单。如果项目在本地，那么投入的成本还能控制；如果项目在外地，那么因此产生的差旅、食宿、时间等成本就不能不考虑了。为了避免产生分歧，应该将设计服务的标准（服务内容、服务次数、具体金额等）在前期与业主确定下来。

4. 成果标准

对于施工图设计来说，成果标准主要体现在最终图纸的交付形式上。交付形式有两种：电子文档和纸质图纸。

（1）电子文档

电子文档的交付标准，需要注意文件的版本、图纸的打印样式，以及字体包，以免造成业主无法打开或打开后内容缺失的问题。

（2）纸质图纸

纸质图纸需要确认交付白图还是蓝图（蓝图很可能就需要有效力的图签图章），以及交付的具体份数。同时还需要考虑图纸的打印、签字、盖章和快递送达的时间等因素。

最终提供电子文档还是纸质图纸，需要根据业主的需求来定，但项目前期需要将这些内容明确。

5. 如何与业主确定标准

在实际工作中，项目的服务标准和成果标准主要是根据项目类型、项目大小，以及各家公司的要求来确定的，需要施工图设计师根据前面讲到的内容进行沟通核实，这里主要介绍图纸标准。在与业主确定图纸标准时存在两种情况：业主有标准和没有标准。

（1）业主有标准

业主提供的标准如果是以任务书的方式呈现（用文字来描述对图纸的要求），那就需要注意，虽然看起来对图纸标准的描述已经很细致了，但其实理解起来仍然非常抽象，对真正的制图指导意义有限。下图是一份项目设计任务书的部分内容。

5. 室内装修施工图设计文件应包括的内容及深度原则

5.1. 室内装修施工图设计文件应包括（不限于）的内容施工图设计文件应按已批准的方案设计或初步设计进行编制，其组成内容应包括：

5.1.1. 封面

5.1.2. 图纸目录

5.1.3. 设计与施工说明（包括设计总说明和各专业的设计说明书）

5.1.4. 主要设备、材料表

5.1.5. 装饰构造及材料应用说明

5.1.6. 设计图纸

5.2. 室内装修施工图设计文件深度原则
施工图设计文件的深度应满足下列要求

5.2.1. 能据以编制施工图预算及施工招标之用

5.2.2. 能据以安排材料、设备和非标准设备的制作。

5.2.3. 能据以进行施工和安装。

5.2.4. 能据以进行工程预、决算和工程验收，并在工程验收时作为竣工图的基础性文件之用（竣工图由施工单位完成）。

5.2.5. 施工图设计图纸的具体编制详见第6章。

6. 室内装修施工图设计文件深度内容

6.1. 图纸目录

6.1.1. 图纸目录应包括序号、图纸名称、图号、比例等，当图纸比较多需分册装订时，每个分册均应有全册目录。

6.1.2. 如有选用标准图时，应先列新绘制图纸名称，后列标准图名称。

6.2. 施工图说明
施工图说明应包括的内容如下：

6.2.1. 本装修工程施工图设计的设计依据及现行有关技术法规。

6.2.2. 根据方案设计或初步设计批准文件和设计图纸，说明装修工程设计的工程概况，其内容应包括装饰工程名称、工程地点、建设单位、装饰工程范围、建筑面积、装修等级等。

6.2.3. 设计说明（包括需要特别交代的设计说明）对防火、防潮、防水、消音、抗震防震、防静电、防腐蚀、防尘、防辐射等特殊要求的说明。涉及相关的消防设计说明，应包括项目的建筑类别、耐火等级、防火分区的划分，防火门、消火栓的设置、安全疏散标志的设计等需用文字交代内容。

6.2.4. 施工说明为保证工程质量，施工中需要特别交代的内容，包括对新技术、新材料、新工艺、新设备作必要的说明。

6.2.5. 需有图例说明。

6.3. 装修表和材料表

6.3.1. 装修表采用表格形式表达房间和各部位地面、天花、墙面、隔断、固定家具、装饰织物及其他装饰用材和需要交代的特殊做法。

6.3.2. 材料表应注明主要装饰材料及设备的名称、型号、规格等。在材料清单的表格里必须把所定产品注明。

6.4. 门窗表

用表格形式表达门窗分类、型号、尺寸、五金配件数量等，其中门应以立面图形式表示。同时在表格内注明饰面材料以及剖面大样索引。

6.5. 平面图

室内装修施工图的平面图应包括：平面布置图、墙体定位及材料图、综合天花图、地饰(铺面)图、家具布置图、立面索引图、防火门、消火栓等布置图。平面图应表示的内容如下所述：

6.5.1. 柱网和承重墙、柱的轴线与其编号应与建筑设计图一致。

6.5.2. 房间名称要注全，建筑条件图中标注的房间、走道、管井等部位的名称均应保留。

6.5.3. 室内外地面标高和各层楼面装修面层（即建筑面层）标高。为方便装修施工，各楼层建筑标高可定为0.00，写在标高线之上，而将相对于±0.00的标高写在标高线之下。装饰造型的标高均为自所在层建筑地面算起的高度。

6.5.4. 墙体厚度与材料种类应注明，也可用图例或编号表示。

6.5.5. 地面材料种类、地面拼花及不同材料分界线应予表示。

6.5.6. 卫生洁具、水池、台、柜等固定建筑设备和家具尺寸、定位以及详图索引。

6.5.7. 建筑平面较大时可分区绘制，但需在各分区平面图的一角绘出组合图，并表示分区编号和分区部位处轴线编号。

6.5.8. 指北针，可只在首层平面或主要平面图中表示，放在图纸右上角。

6.5.9. 有关节点详细或局部放大图的索引。

6.5.10. 楼梯上下方向的示意。

6.5.11. 门的编号及开启方向。

6.5.12. 防火分区、消防通道、防火门、防火卷帘、消火栓等防火设施。

6.5.13. 地面上的电源插座、通讯插孔、地面灯饰等用电设施。

6.5.14. 活动家具布置及应在家具平面布置图里表示。

6.6. 天花综合布置图

天花布置图应表示的内容与要求如下：

6.6.1. 柱网轴线及其编号应齐全，并与建筑设计图一致。

6.6.2. 房间名称应齐全，并应标注天花底面相对于本层地面建筑面层的标高。

6.6.3. 天花造型尺寸定位及详图索引。

6.6.4. 天花灯具（包括火灾或事故照明）、风口、喷淋头、火灾探测器、扬声器、挡烟垂壁以及疏散方向标志牌等。

6.6.5. 天花图需要表示结构梁的位置及尺寸。

6.7. 立面图

室内空间各方向的立面均应画全。无特殊装修要求的立面可不画立面图，仅在装修表中予以交代，立面图应表示的内容如下所述：

6.7.1. 轴线与其外包尺寸。

6.7.2. 室内外高差尺寸。

6.7.3. 墙柱面装饰造型、栏杆、台阶、线角等的尺寸及其它尺寸定位，节点详图索引等。定位尺寸一般应与轴线发生关系。

6.7.4. 门窗标高和高度应分别注明。

针对这种情况的处理方式是，在施工图设计方充分理解这些标准后，提供一套接近的样图，由双方针对样图内容进行协商沟通，作为最后的图纸标准。

如果业主提供的标准就是一套施工图纸，那么对于设计方来说要做的就是核实一下这套图纸的标准自己是否能够执行，能做到当然最好，如果不能做到就再和业主沟通，争取达成一致。

（2）业主没有标准

如果业主说："你是专业的，就按你们的标准执行。"这时千万不要掉以轻心，如果一直按照自己的习惯工作，到临近交图才发现业主其实有自己认知的标准，并且和你的标准相差较多，那就会像老王一样陷入尴尬的境地。

这种情况的处理方式和前面类似，一定要把自己的标准以一套图纸的形式展现给业主，并得到对方的确认。需要注意的是，施工图设计方提供的样图，在项目类型和规模上一定要和正在做的项目足够接近，这样图纸标准才有参考价值。

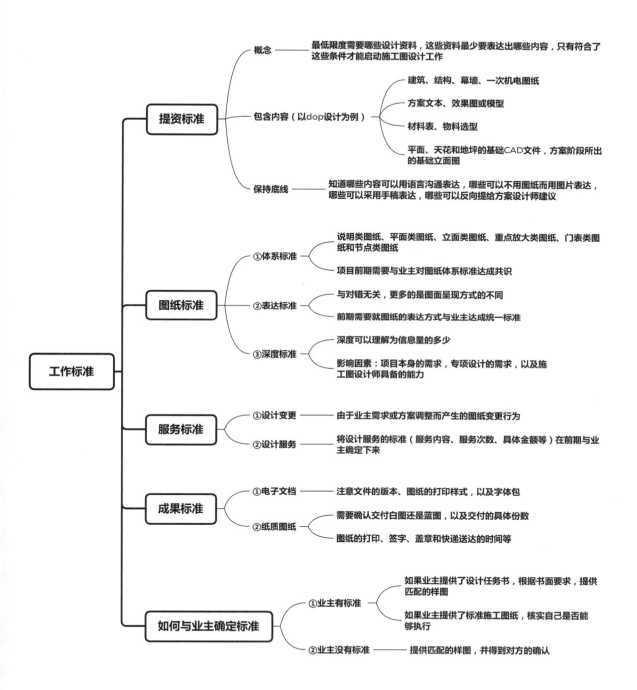

工作标准

提资标准
- 概念 —— 最低限度需要哪些设计资料，这些资料最少要表达出哪些内容，只有符合了这些条件才能启动施工图设计工作
- 包含内容（以dop设计为例）
  - 建筑、结构、幕墙、一次机电图纸
  - 方案文本、效果图或模型
  - 材料表、物料选型
  - 平面、天花和地坪的基础CAD文件，方案阶段所出的基础立面图
- 保持底线 —— 知道哪些内容可以用语言沟通表达，哪些可以不用图纸而用图片表达，哪些可以采用手稿表达，哪些可以反向提给方案设计师建议

图纸标准
- ①体系标准
  - 说明类图纸、平面类图纸、立面类图纸、重点放大类图纸、门表类图纸和节点类图纸
  - 项目前期需要与业主对图纸体系标准达成共识
- ②表达标准
  - 与对错无关，更多的是图面呈现方式的不同
  - 前期需要就图纸的表达方式与业主达成统一标准
- ③深度标准
  - 深度可以理解为信息量的多少
  - 影响因素：项目本身的需求，专项设计的需求，以及施工图设计师具备的能力

服务标准
- ①设计变更 —— 由于业主需求或方案调整而产生的图纸变更行为
- ②设计服务 —— 将设计服务的标准（服务内容、服务次数、具体金额等）在前期与业主确定下来

成果标准
- ①电子文档 —— 注意文件的版本、图纸的打印样式，以及字体包
- ②纸质图纸
  - 需要确认交付白图还是蓝图，以及交付的具体份数
  - 图纸的打印、签字、盖章和快递送达的时间等

如何与业主确定标准
- ①业主有标准
  - 如果业主提供了设计任务书，根据书面要求，提供匹配的样图
  - 如果业主提供了标准施工图纸，核实自己是否能够执行
- ②业主没有标准 —— 提供匹配的样图，并得到对方的确认

四、

工作目标

——了解不同阶段的目标才能从容应对工作中的变化

周一早上，老王坐在工位上，准备开始一个新项目的工作。新项目是一个餐厅的施工图设计，资料都到位了，计划为期30天。前10天完成所有的方案沟通和平面系统图，之后的10天完成所有立面图纸和机电图纸，在最后的10天中，5天用来绘制所有的节点图纸，剩下的时间用来做图纸审核与调整。

看着这套计划，老王心想：这个项目总算不用加班了。刚到第3天，业主的电话来了："王工，实在不好意思，工人已经进场了，你看能不能先出一部分图纸，让工人先把墙立起来？本来我们这个项目的施工周期就比较紧张。"老王无奈地暂停了手上正在进行的工作，提前把拆墙图和墙体尺寸定位图交给业主，让现场先动起来。

两天后，业主又联系到老王，说现场停工了，检查的人说必须经过消防报审后才能施工，让老王先尽快把消防报审所需要的图画好。老王心想：你等我把图全出完了不就能报了吗？现在平面图还没出完呢。再说了，消防报审除了装饰图纸，还需要机电部分的内容。

老王赶紧把天花图、点位图抢出来，又让机电设计师出了几张图，折腾了两天，勉强给了业主一份用于消防报审的图纸。

可没过几天，老王又一次接到了业主打来的电话："王工，我们这边正准备定电梯厂家，你看能不能先帮我把电梯轿厢的图纸搞出来？厂家那边等着报价。"此刻，老王的内心独白是：到底有完没完？

更严重的是，这些图纸没有按照正规的程序进行，是在前道工序并没有真正完成的情况下抢出来的，很多细节都没有考虑，当然更没有时间审图，图纸在有错误的情况下提交出去，一旦产生问题，责任就会归结在设计师身上。

你平时的工作中有没有经历过类似的场景？在整个工作过程中，自己的计划总是被打乱，心里在想：难道就不能让人安安心心地把一套图纸画完吗？画完以后业主的所有问题不就都迎刃而解了吗？但是业主会说，我并没有改变你的原有计划，你的最终交图时间还是 30 天，只不过有些事比较急，提前了一点而已。如果总是有这些被提前的小目标，就会打乱预定的工作计划，让施工图设计师的工作陷入被动。那就有必要分析一下这些干扰性的小目标到底都是什么，该怎样应对。

如果所有的工作或目标都能在全套施工图按计划完成后再去执行，就不存在任何问题了。但由于项目的时间紧，或者业主的规划不够细致，有些目标总是会被前置。业主总会说："我知道全套图纸还没有完成，但能不能先出一部分帮我解决某某问题啊？"这也是设计工作中的一种常态，所以我们要接受这个现实情况。当遇到业主的临时需求时先冷静下来，明确以下 3 个问题：被前置的问题的核心需求是什么；为满足这个核心需求，有哪些图纸是我们必须提供且需要较原计划提前的；做出这些调整花费的时间是多少。

这里以 dop 设计在项目中经常会被业主前置的小目标进行说明。

1. 装饰预算，施工招标

对施工招标来说，最理想的状况是能拿到最终完整的施工图纸，因为图纸的详细程度往往决定了施工方报价的准确性。但业主总希望能快点，再快点，所以我们经常能听到的就是：图纸可以不要太全，能做预算、能招标就可以，有什么遗漏后面再增补。那么，根据招标的核心需求，我们最少需要提供以下内容。

（1）工作量计算
招标图必须能够满足施工方对工作量判断的需求，所以我们需要提供相应的平面图、天花图、地坪图来描述具体的施工（设计）范围，同时提供项目的设计说明来对施工（设计）范围和项目情况进行辅助说明。

（2）材料用量计算
招标图需要体现出项目中用了什么装饰材料、什么样的洁具和设备，都用在了哪些地方，数量和面积是多少，以此来计算施工成本。为了满足这些需求，我们需要提供材料表、物料表、平面图、天花图、地坪图，以及立面图和节点图来进行说明。

（3）基本工艺的做法描述和要求

招标图中需要体现一些基本工艺的做法，以方便计算成本。对于这方面的需求，是通过标准节点和设计说明中的文字描述来说明的。

（4）满足施工招标要求的图纸总结

总结下来，一套基本满足招标要求的图纸，大致需要包括以下内容。

a. 图纸目录、设计说明、材料表、灯具表、五金表、洁具表。

b. 原始平面图、平面图、天花图、地坪图、墙身材料索引图。

c. 主要空间（造型复杂）的立面图。

d. 天花、地坪节点和标准墙身节点。

e. 门表（门的数量多的话）。

这里需要对墙身材料索引图做一个说明。顾名思义，墙身材料索引图是以体现墙面材料为主的平面图，是当立面图不全时，对立面图所用装饰材料进行说明的一种表达方式。这种方式的优点是只通过一张平面图就可以大致将立面使用到的材料说明清楚，缺点是对于较为复杂的立面造型来说缺乏说服力，所以，它更多的是起到一种补充说明的作用。

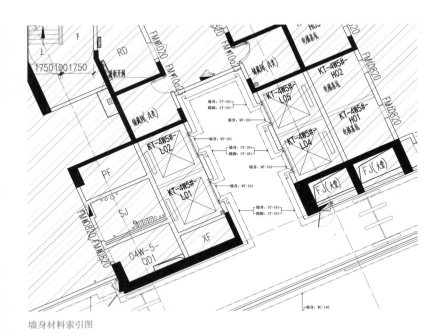

墙身材料索引图

这些内容基本已经可以用来做施工招标，如果还有细节问题，可以通过交底的形式沟通解决。

dop 室内高端施工图项目流程管控

2. 图纸送审（消防报审）

消防报审工作的前置，主要是发生在项目实施时，尤其是在中小型项目中，业主也不确定是否需要经过消防报审的程序，因为各个地方的标准并不一致，如果突然发现必须要报审，会措手不及。

（1）消防报审资料需要体现的内容
根据消防报审的要求，我们提交的报审资料需要体现以下 3 个方面的内容。

①平面布局是否发生改变
判断原建筑的使用功能是否改变，原有布局是否改变，以及防火分区、疏散通道、消防楼梯的疏散距离是否改变了。这些内容需要通过设计说明中关于消防方面的文字描述，结合平面图来说明。

②消防设施设备是否满足要求
确定防火卷帘、消火栓、防火门的位置、数量是否符合新平面的要求，喷淋、烟感、疏散指示是否符合新平面的要求。这些内容需要通过综合平面图和综合天花图说明。

③装饰材料是否符合消防规范
需要判断天、地、墙各部位所使用的装饰材料和基层材料的耐火等级是否符合消防规范。在这种情况下，需要材料表、装修表、平面图、天花图、地坪图、立面图，结合设计说明中对于工艺做法的描述说明。

为了满足以上 3 个方面的需求，一套消防报审图纸需要提供以下内容。

a. 图纸目录、设计说明、材料表、装修表。
b. 平面图、天花图、地坪图、综合平面图、综合天花图、立面图。
c. 机电设计中的消防部分图纸（应急照明及疏散指示平面图、配电箱系统图、消防喷淋平面图、火灾自动报警系统平面图、灭火器布置图、消防排烟系统平面图、暖通平面图）。

（2）装修表、综合平面图和综合天花图
①装修表
装修表主要是通过文字和表格的形式，对一个空间的天、地、墙 6 个面使用的材料进行说明，它与材料表最大的区别在于表达的主体不同。材料表是以材料为主体，强调的是材料本身在不同空间的运用；而装修表是以空间为主体，强调的是空间中使用到的材料。

在实际运用中，装修表非常适合体现设计简单，并且需要大批量重复表达相同设计
方案的空间，如学校教室和医院病房等。

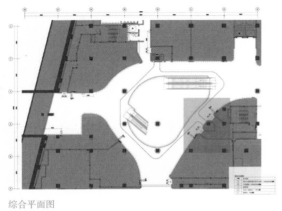

装修表

②综合平面图

综合平面图是通过平面图反映平面及墙面中和机电、消防设备末端有关的图纸。图
中主要包括疏散指示、紧急出口、手动报警、应急照明等内容。

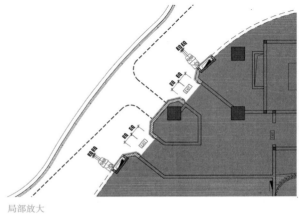

综合平面图   局部放大

③综合天花图

综合天花图是通过天花图来反映天花上所有可见的设备末端，并表达其和天花造型、灯具布置之间的关系的图纸。图中主要包括喷淋、烟感、广播、空调风口、检修口等内容。

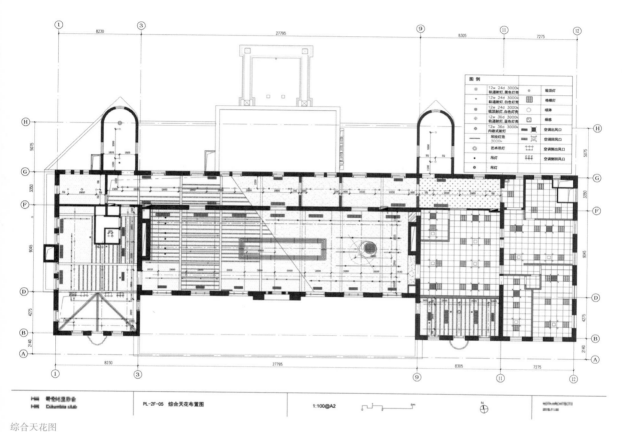

综合天花图

有一点需要注意：各个地区对消防报审的要求并不统一，这种不统一不仅是指对图纸数量和图纸内容要求的不统一，还包括送审形式的不统一，需要根据当地的实际情况确定具体的提交形式和提交内容。

3. 指导现场施工

指导现场施工本就是施工图的一个主要用途，这里指的依然是业主等不及全部施工图完成，就想要提前启动施工的情况。这种情况在中小型项目中很常见，比如，前文中提到的老王做的餐厅，免租期只有 2 个月，所以越快营业对业主来说就越节约成本。

为了指导施工方前期现场施工，我们需要满足施工方以下 3 个方面的需求。

（1）现场拆除

一般施工方进场第一件事，就是根据方案核对哪些地方需要拆除。所以，我们需要提供平面图、拆墙图来进行说明。

（2）弹线、新建隔墙

现场拆除完毕后，需要进行弹线复核方案，并建立隔墙。这时，我们需要通过平面图、尺寸定位图来进行说明，同时需要提供墙体类型说明（图例），比如，墙体是砖墙还是轻钢龙骨墙。

（3）备料需求

为了保证项目的施工进度，施工方需要提前进行装饰材料、基层材料的数量计算及订购。这些可以通过材料表、物料表、墙身材料索引图，以及设计说明的文字描述来说明。

为满足现场施工前置的需求，并指导现场施工，我们一般会优先提供的图纸包括设计说明、材料表、拆墙图、建墙图、平面图、尺寸定位图、墙身材料索引图。

项目前期提供这些图纸，基本可以满足业主提前开工的需求。

4. 配合业主的考核节点

这种情况比较特殊，在中小型项目中一般不会遇到，这里还是以 dop 设计的过往案例进行说明。

在与开发商合作的项目中，各个工程条线的员工有着严格的评分体系，其中最核心的一条标准就是时间节点。这就导致很多时候，开发商的设计管理人员虽然知道实际的工作计划已经严重滞后（当然是非设计原因造成的），但是由于考核节点的关系，会和设计方协商能否先提交一份图纸，以满足节点考核的需要。

在这种情况下，我们提供的图纸，体系必须完整，图纸数量要多。具体内容应该包括全体系施工图纸（平面系统图、立面图、门表图、节点图），图纸目录、设计说明、材料表等也要到位，但对图纸的细节可以不做过多要求。

以上这些经常会被业主前置的小目标并没有前后顺序，它们的出现都是根据项目本身的情况而定的。如果能预判出可能突发的前置目标（干扰目标），那么在出现突发情况时，就能从容应对。如果能根据项目情况，在这些突发事情还没发生时就预先提醒业主，并给出合理的出图计划，则是更好的选择。

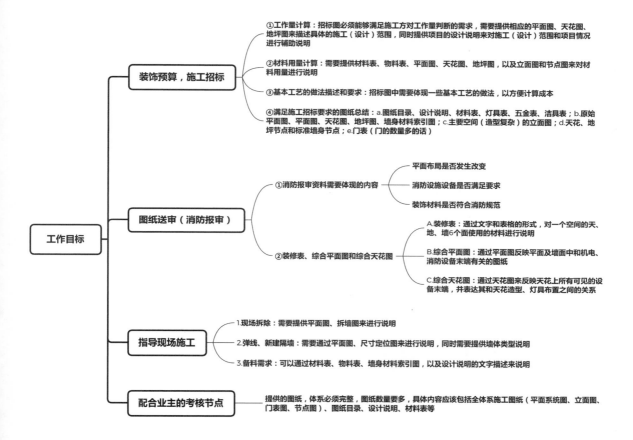

五、

工作时间节点

——有始有终还要有过程

在前期谈判的时候，一个项目的时间周期往往是业主和设计师都非常关心的问题。对于设计师来说，工作时间很容易理解，一个项目从什么时候开始，到什么时候结束，中间所用的时间，就是我们认为的工作时间。而在实际项目中会发现，这里面还是会有很多需要考虑的问题，比如，什么时候算是项目的开始？什么时候算是项目的结束？中间是否需要考虑设置一些关键的时间节点？设置了以后对于设计师来说，会有什么好处？又会有哪些坏处？

1. 施工图设计中的时间节点

大体上说，施工图设计的时间节点有 3 类：项目启动的时间节点、项目过程的时间节点和项目结束的时间节点。

（1）项目启动的时间节点

对项目启动的时间节点来说，最大的问题就是启动时间设置的合理性，如果启动时间节点设置得不合理，那么很可能会造成项目周期无形中被缩短。

一般来说，项目的启动时间是以合同中约定的时间为准的，但这种方式存在的最大风险是，项目已经启动，时间开始计算了，但提资内容始终不到位，导致工作无法开展，这等于白白浪费了设计师宝贵的工作时间。为了避免这种情况，我们需要在合同中加以说明：如果在合同约定的时间内，项目提资没有到位，启动时间将会相应延后，直到项目提资到位，通过了施工图设计师的资料验收后，才能算项目正式启动。

（2）项目过程的时间节点

过程中的时间节点，需要根据上一章介绍的工作目标来确定。如果一个项目中有很多个小目标，那么就需要单独去衡量完成这些目标所需要的具体时间，再将所有时间加起来，就是完成这个项目实际需要的时间。

每个小目标的时间节点如何量化，这里无法确定。因为每个小目标所需要的具体时间，取决于项目类型、项目规模、业主的硬性要求，以及设计师的个人能力，所以，一个项目的时间周期需要结合这些因素综合判断。

那么，设置一个合理的项目过程时间节点，对设计师来说有哪些帮助呢？

①应对业主心中的不安
一个时间周期较长的项目，如果从项目开始到最后项目结束才看到图纸，业主肯定会很不放心，不知道设计方到底有没有在认真完成这个项目，对业主来说，不确定性太大。所以，图纸过程提交对业主来说，一个比较重要的作用就是让业主随时能了解工作进度，做到心中有数。

②提资和报审的要求
一个项目从最开始设计到最后的落地，并不是由施工图设计方一方完成的。施工图设计方只是整个项目的参与方之一，中间还会有很多专业设计人员参与进来，比如，机电设计人员、专业的灯光设计人员，以及设备厂家等，他们的工作都要基于施工图。比如，做机电设计和灯光设计就需要施工图设计师提供项目的平面图和天花布置图，而对应的消防报审则需要施工图设计师提供相应的报审图纸。

③图纸质量的管控
当项目规模达到一定程度，涉及的专业较多时，整个项目的复杂程度会大大增加，导致项目在实际进行时存在很多不确定性。在这种情况下，图纸的过程提交时间节点就显得格外重要。通过对各关键节点的把控，可以降低因前期少量错误，导致后期连续错误，造成大量图纸修改的风险。

④设计费收取的依据
一个项目的设计费并不是一次性给付，而是在不同的阶段按照不同的比例给付。一般情况下，设计公司会在合同签订后收取 15% ~ 20% 的费用，在项目过程当中收取70% 的费用，这部分费用会根据过程中的关键完成节点，分阶段地收取。比如，图纸提交节点是按照消防报审图纸提交节点、扩初（招标）图纸提交节点来划分的，那么就根据工作量的权重将 70% 的费用分成两个部分收取。对于一些大型项目，可能会根据需要，将过程中的时间节点再进行拆解，变成 3 ~ 4 个部分。

而剩下的 10% ~ 15% 的尾款是在最后的图纸提交后收取的。这样收款风险将会降低，业主在支付设计费时的心理压力也会减轻，这种方式无论对设计方还是对业主方，都是一种很好的保护。

最后，关于项目过程的时间节点还需要注意：各专业提资的提交时间节点、扩初图纸提交时间节点、招标图纸提交时间节点、消防报审图纸提交时间节点都是相对比较重要的提交时间节点。这些图纸过程提交时间节点都与项目的局部出图有关，所以这些重要的提交时间节点应写入合同中。

（3）项目结束的时间节点

对于项目结束的时间节点，每个人都有不同的看法：有人认为是以全套图纸提交的时间作为节点；有人认为应该将最后的服务内容完成时间作为节点；有人认为应该将项目最终验收的时间作为节点。这些说法都没有错，但到底以哪个时间作为项目结束的时间节点，主要取决于在合同中与业主签订的工作内容。如果工作内容中包括了设计服务，设计服务中有一项驻场设计，那么项目结束的时间节点可能就是这项服务完成的时候。

2. 确定工作时间节点的方法

在项目的前期，尤其是在商务谈判阶段，工作周期以及重要时间节点是业主比较关心的内容，所以我们需要对确定工作时间节点的方法有一定的了解。

（1）确定工作时间周期

施工图设计方应该根据自己的经验和对项目的判断，给出项目大概的工作时间，当然这个时间也可能是业主直接给出的。

在此阶段不必考虑太多的计划细节，更需要注意的是时间的合理性。如果时间太长，业主可能无法接受。如果时间太短，自己的工作压力会比较大，甚至无法按时完成。

（2）对工作时间的描述

当工作时间周期确定下来以后，接下来就是对工作时间的具体描述。在实际工作中，一般有两种描述方式。

①绝对时间型

像日历一样记录每个节点的准确日期。比如，本项目工作时间为1个月，项目启动时间为12月1日，项目平面图完成时间为12月7日，项目立面图完成时间为12月21日，项目全套施工图纸提交时间为12月31日。

这种情况适用于业主已经确定了交图时间（12月31日），最终图纸提交时间已经被锁定，我们只能根据总周期（1个月），以最终图纸提交时间来反推每个阶段对应的具体日期。这样做的优点是清晰明了，起点、过程和终点的时间一目了然。缺点在于时间太过死板，没有留出变化的余地，一旦资料的提交滞后或者设计发生变更，对设计师来说，这个工作时间很难调整。

②相对时间型

只记录相对的时间长度，不明确具体日期。比如，本项目工作时间为1个月，项目启动时间为12月1日，平面图在7天内完成，立面图在14天内完成，节点图及剩余图纸在10天内完成。

在业主没有强调最终出图时间的情况下，采用相对时间的方式来描述更加灵活一些，因为这种方式回避了提资、沟通、变更产生的时间过程，只明确工作时间。这种方式的缺点是时间的不确定性比较大。

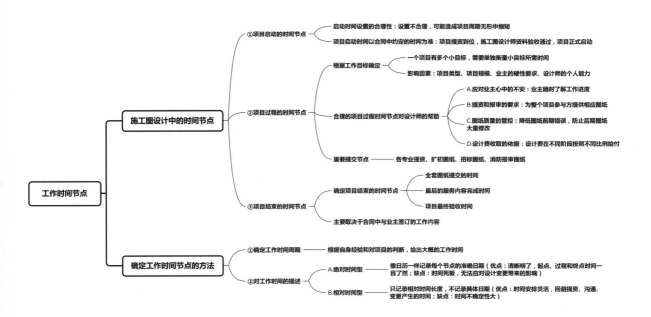

前期阶段
EARLY STAGE

六、

资料验收

——巧妇难为无米之炊，施工图的"米"就是各种设计提资

老王新买了一张大办公桌，买来的家具需要自己组装，他把所有材料铺了一地，拿起说明书，认认真真地开始了组装大业。当组装到最后一个抽屉的时候，突然发现少了一块侧板，老王果断展开了一场为期半小时的地毯式搜索，才将和包装一起扔掉的侧板找到。本以为一切可以这样顺利进行下去时，又发现安装桌子腿的螺丝不够了。翻遍了所有的地方依然未果，那一刻，老王的内心处于崩溃的边缘。

这时老王遇到最大的问题是，摆在面前的这个组装了一半的桌子应该怎么办？拆了吧，想想这好不容易组装起来的东西又不舍得；不拆吧，看看周围连个能落脚的地方都没有。他打了客服电话，客服回复两天后补发。最终，等不及的老王第二天去楼下的五金店买了几颗配套的螺丝，才将桌子组装完毕。

事后，老王做了深刻的反省，为什么在组装之前没有根据说明书核对一下材料是否齐全，就开始盲目行动？如果能在一开始发现缺少螺丝，其实可以选择不安装，或是趁着五金店还没关门，先把缺的螺丝配好，这样就不至于将装了一半的桌子横在那里，占着位置让人无法下脚。

回想我们平时在开展一个新项目的时候，很可能也会遇到过类似的问题：在项目资料的完整性还未确认的情况下，就盲目启动项目，导致项目进行了一半，处于上不去下不来的尴尬处境。重新和业主确定工作周期，业主会问你为什么不早说，这么

长时间才发现，对你的信任度会下降。等补全资料，可能又是几天过去了，耽误的时间却都算在你自己头上。

想要绘制一套完整的施工图，到底需要哪些必要的资料？

1. 施工图设计所需要的资料

在施工图设计中，我们可以将所需资料分为 3 类：装饰资料、建筑资料和专项资料。这些都是完成一套施工图纸必要的内容，在开始项目前就需要梳理，就像老王在组装桌子前，对照说明书梳理组装材料一样，只有这样才能提高后期的工作效率。还有一点需要注意：不管什么资料，一定是业主确认的资料。

（1）装饰资料

装饰资料主要是指由方案设计师提供的，关于室内设计方面的设计成果和资料。一般情况下，方案设计师会提供以下几种资料：

①装饰图纸

平面布置图（必要）：平面布置图可以说是整套施工图的基础，其余所有图纸基本都是在平面布置图的基础上扩展而来的。基于平面布置图的重要性，我们需要方案设计师必须提供电子版平面布置图，而不是手绘稿或其他形式。

天花布置图（必要）：天花布置图是在平面布置图的基础上，表达设计师对于天花造型、材料、灯具布置等设计呈现的图纸。由于天花布置图是在平面布置图的基础上进行拓展的，所以根据情况不同可以用手稿代替。

地坪布置图（必要）：是表达设计师对地面材质、造型、分割方式等设计呈现的图纸。地坪布置图也是基于平面布置图的基础进行拓展的，所以同样可以根据情况不同用手稿代替，并不一定要电子文件。

主要空间立面图：所谓的主要空间指的是在整个设计中占有重要位置，设计、装饰成本投入多的空间，但是这部分空间的图纸到底要给哪些，界定是比较含糊的。如果要求面面俱到，方案设计师可能没有时间和精力完成。如果给一部分，施工图设计师可能无法确定方案思路，工作开展不了。方案设计师在设计阶段对立面的表现主要体现在效果图或是彩色立面图上，所以能够提供的立面图资料一般不多。不足以表达设计构想的内容一般会以手稿或是意向图的形式提供，甚至会让施工图设计师理解方案后自己发挥绘制。所以，这部分没有固定格式，需要双方持续沟通。

标准设计指导：如门、门套、窗套、造型线条、踢脚线样式等，这些元素在整个项目中都会经常出现，而且在整个设计中是作为标准使用的。一般在项目前期，方案设计师很难一次性将这些资料给到位，施工图设计师需要在后期与方案设计师的沟通过程中获得这些资料。

②装饰文本

效果图（必要）：效果图对方案的表达和确定性有很大的参考意义，但效果图本身也存在很大的局限性，比如，效果图的角度比较固定，有的细节位置或角度看不到。再比如，效果图的数量有限，不可能所有空间都有效果图。

方案手稿及意向图片：指的是方案设计师所提供的补充资料，通过手绘草图或者针对性比较强的意向图片来表达设计思路和要求，同时给予施工图设计师以指导。由于这类资料的确定性不高，在交付时需要双方反复沟通和协调。

三维模型：三维模型是为了验证方案的可行性和确定方案的效果所做的模型推演，它可以比较直观地反映设计效果，对施工图设计师来说有很大的参考意义。因为在一般情况下，三维模型对造型的比例和细节表述得比较全面，再加上模型自身的特性，可以放大或缩小，并且可以从不同的角度观察，这样就保证了施工图设计师对方案的理解。现在越来越多的方案设计公司开始利用 SU、RHINO 模型在方案设计过程中进行推导，也让方案设计与施工图设计的对接越发便利。

③材料清单

材料表：指的是装饰材料列表，是方案设计师对所用的装饰材料及所用部位的整体说明。如果方案设计师有一些特殊要求，也应该在材料表上体现出来。施工图设计师根据材料表来对施工图纸进行材料标注。如果项目前期方案设计师没有提供具体的材料表，施工图设计师可以先根据效果图或意向图片等资料，初步判断要使用的材料，但在项目进行过程当中，需要和方案设计师进一步确定。

洁具表：指的是设计中选用的洁具列表，包括洁具的品牌、型号、规格和安装要求等信息。施工图设计师需要根据洁具表上的内容在图纸上进行洁具的复合与定位。洁具表在一般情况下也是项目过程中的补充资料，前期同样可以根据效果图的示意或意向图来进行施工图的绘制。

五金表：五金涵盖的范围较广，方案设计师提供的五金主要为两大类：一类是洁具五金，如花洒、龙头、地漏等；另一类是门与家具五金，主要是外露的五金，如房门拉手、柜门拉手等，需要考虑五金的形式、美观和功能。五金表应该包含五金的品牌、型号、规格、材质等信息，方便施工图设计师在图纸上进行复核与定位，但项目前期可以暂不提供。

灯具表：是指灯具的选型列表，包括不同灯具的外观、规格、编号及安装位置，还有光源、色温、照度等专业参数。正规的灯具表应该由专业的灯光设计师或灯具供应商提供，并不是每个项目都有。

（2）建筑资料

简单来说，建筑资料就是建筑设计院提供的建筑、结构、机电等设计图纸。绝大多数工装项目都是在建筑资料的基础上进行的，老旧项目没有建筑图纸的情况不在此列。

①建筑图纸（必要）

建筑图纸一般包括建筑平面图、建筑立面图以及建筑剖面图。这些图纸对后期的施工图绘制来说有很大的参考意义，所以在验收建筑图纸时，需要查看这些相关资料是否齐全。

最后还有一个常常被设计师忽略的内容——建筑图设计说明。由于设计说明中会包含很多图纸没有表达出来的建筑信息，因此对于方案设计师的前期设计，以及施工图设计师对规范的核对都有很大帮助。

②结构图纸（必要）

结构图的主要作用是确定建筑中梁和柱的尺寸与确切位置。结构图纸中包括结构梁、结构柱、结构板等信息，有的设计院会将这些图放在一个文件中，有的设计院会将这些图分开保存在不同的文件中。同样要注意结构图的设计说明。

③机电图纸

机电图纸是一个统称，其中包含电气、给排水、暖通3个专业。室内设计师需要从其中提取诸如强弱电箱点位、排水管点位、消防设备点位等原始信息。对于一般项目来说，机电图纸可能不会太全，只要能提取到我们需要的关键信息即可。

（3）专项资料

专项资料是由专门的设计单位或专业供应商在室内设计的基础上提供的选型、图纸和资料。现代室内设计，尤其是大型的复杂项目，室内设计师不可能自己覆盖所有专业，在方案阶段，可能就已经有其他的专业设计顾问介入并参与设计了，这些设计资料对施工图的绘制有着非常重要的指导意义。这里列举3项常见的专项资料。

①声学资料

对隔音或音效有特殊要求的项目，如电影院、星级酒店、音乐厅和报告厅，都会涉及专业的声学知识。有时为了达到特定的声学效果，比如，音乐厅的天花和墙面的造型，需要根据特定的声学要求设计。声学设计不仅会影响墙体和楼板的构造，在很多功能性的项目中还会影响造型和材料的使用。

②灯光资料

一般对灯光有特殊需求的项目都会请专业的灯光顾问提出建议，并提供相关的灯光资料。如果只是普通的住宅项目或者商业项目，可能体会不到灯光设计的重要性。但如果是体育场馆或酒店大堂等类型的项目，由于高度的问题，普通的灯具无法满足设计要求，这时就需要专业的灯光顾问参与，提供专业的指导和资料。最终提供的灯光资料会影响灯具的数量、位置和安装方式。

③厨房资料

厨房资料主要针对的是大型餐饮或酒店项目。由于涉及整套厨房的专业体系，并不是设计师凭借个人经验就能完成的，所以对于这类项目，必须要有专业的厨房顾问参与，并提供相关的专项资料。厨房的专项资料最终会影响项目整体的平面布局和人流动线。

随着专项化分工越来越明确，未来专项资料的品类也会越来越多，所以对施工图设计师来说，一个很大的挑战就是怎样将这些专项资料整合在一套图纸中。

2. 资料验收的步骤

（1）确定资料的完整程度
此阶段我们先要确定的是资料是否完整，暂不考虑资料内容的正确性。而对于上面我们说到的必要图纸，第一时间确保要有，因为这些资料一旦缺失，整个施工图工作根本无法进行。

（2）确定资料的可用程度
这里的资料可用程度，同样不是说资料的对错问题，而是资料的版本、格式和损坏情况。

①版本

版本是指不同专业之间的版本是否匹配。比如，方案设计师使用的可能并不是最后一版建筑平面图纸做的方案，在这种情况下，就需要方案设计师根据最终的建筑平面图重新调整平面布置图，这样才能保证建筑专业与室内设计专业之间的图纸互相匹配。

②格式

是指确定资料文件中是否有外部参照丢失或因天正（建筑制图软件）格式无法正常打开，以及打开之后内容存在不完全的情况。

③损坏

是指资料文件本身是否损坏，有时从表面上看文件是有的，但根本无法打开，所以还要检查文件是否能正常打开。

（3）制作资料验收清单

资料验收清单是指根据相应项目制作一份收到的资料清单，在方便自行审查的同时，也方便与业主确认资料的提交情况。因为在项目中经常会出现这样的情况：昨天才和业主沟通过需要的资料，而对方转眼就忘了，导致工作迟迟无法进行，最后的损失依然得由自己承担。为了避免这种情况，最好的做法就是将资料清单落在纸面上。

这个阶段验收的重点在于内容的完整程度，而不是内容的对错，我们需要快速将资料信息反馈给业主，业主可以立即帮我们解决问题。而审核资料内容的正确性将会花费大量的时间和精力，为了保证整体的效率，需要做出取舍。

当收集到大量的设计资料以后，下一步需要做的就是有效地管理这些资料。

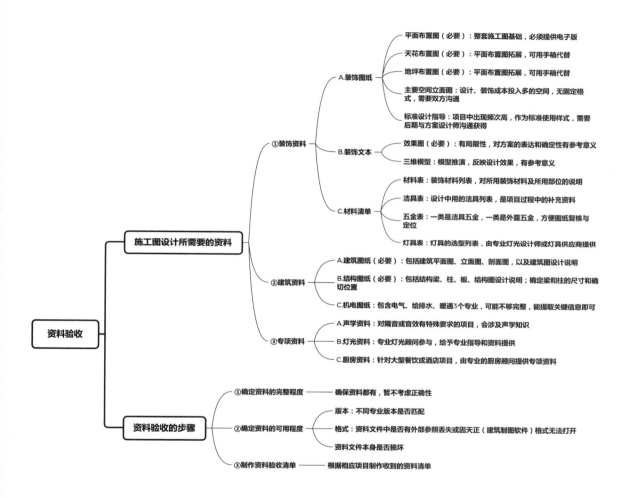

资料验收

施工图设计所需要的资料

①装饰资料

A.装饰图纸
- 平面布置图（必要）：整套施工图基础，必须提供电子版
- 天花布置图（必要）：平面布置图拓展，可用手稿代替
- 地坪布置图（必要）：平面布置图拓展，可用手稿代替
- 主要空间立面图：设计、装饰成本投入多的空间，无固定格式，需要双方沟通
- 标准设计指导：项目中出现频次高，作为标准使用样式，需要后期与方案设计师沟通获得

B.装饰文本
- 效果图（必要）：有局限性，对方案的表达和确定性有参考意义
- 三维模型：模型推演，反映设计效果，有参考意义

C.材料清单
- 材料表：装饰材料列表，对所用装饰材料及所用部位的说明
- 洁具表：设计中用的洁具列表，是项目过程中的补充资料
- 五金表：一类是洁具五金，一类是外露五金，方便图纸复核与定位
- 灯具表：灯具的选型列表，由专业灯光设计师或灯具供应商提供

②建筑资料
- A.建筑图纸（必要）：包括建筑平面图、立面图、剖面图，以及建筑图设计说明
- B.结构图纸（必要）：包括结构梁、柱、板、结构图设计说明；确定梁和柱的尺寸和确切位置
- C.机电图纸：包含电气、给排水、暖通3个专业，可能不够完整，能提取关键信息即可

③专项资料
- A.声学资料：对隔音或音效有特殊要求的项目，会涉及声学知识
- B.灯光资料：专业灯光顾问参与，给予专业指导和资料提供
- C.厨房资料：针对大型餐饮或酒店项目，由专业的厨房顾问提供专项资料

资料验收的步骤

①确定资料的完整程度 —— 确保资料都有，暂不考虑正确性

②确定资料的可用程度
- 版本：不同专业版本是否匹配
- 格式：资料文件中是否有外部参照丢失或因天正（建筑制图软件）格式无法打开
- 资料文件本身是否损坏

③制作资料验收清单 —— 根据相应项目制作收到的资料清单

七、

建档分类

——好的习惯（体系）可以提高工作效率

老王去公司加班，需要参考同事做的一份项目图纸。由于同事人不在，老王又比较着急，就打电话问他把文件放在哪里了，同事说文件就在桌面上，让老王自己找一下。当老王打开他电脑的时候快要崩溃了……请问这种情况怎么找？最终，老王花了将近 20 分钟才将需要的文件找到。

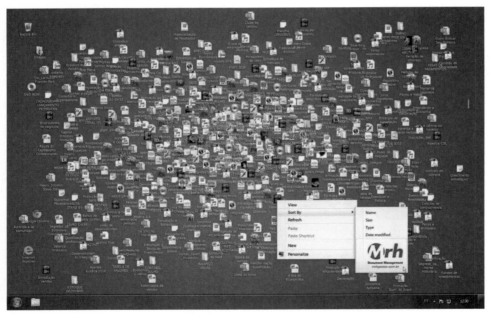

电脑桌面

事后老王问同事："电脑桌面这么乱你是怎么找东西的？"同事的回答是：慢慢找呗！如果仔细观察就会发现，每家公司都会有那么几个电脑桌面无比混乱的同事。

有人觉得，乱点就乱点吧，这只是个人习惯，没什么大不了的。但凌乱带来最大的问题是效率的低下。尤其是当大家要协同完成一个项目的时候，如果每个人都按自己的习惯和方式存档文件，找文件都要用很长时间，那还何谈协作和效率？

导致这种凌乱的原因之一就是没有一套文件建档分类标准，也就是不知道怎样归类文件。下面介绍一套 dop 设计的文件建档分类标准，帮助大家对项目资料进行清晰地分类存放，能有效提高团队检索和提取项目资料的效率。

1. 文件分类

这套文件建档的分类标准将一个项目涉及的所有文件分成了 4 类：工作资料、工作文件、协调文件和归档文件。

（1）工作资料

工作资料主要指的是在项目进行过程中收集到的不同类型、不同时间阶段的设计资料。为了查找方便，工作资料可分为 4 类：设计资料、专业资料、供应商资料和现场过程照片。

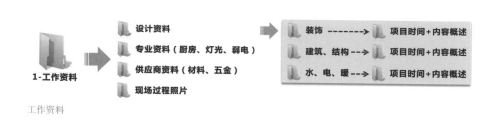

工作资料

工作资料

①设计资料

一般在设计资料中会包含装饰资料（装饰图纸、装饰文本、材料清单）、建筑资料（建筑图纸、结构图纸）和机电资料（水、暖、电等图纸）。如果项目体量较小或本身资料有限，这三块内容可以合并。

②专业资料

专业设计（专项设计）在本书前面已经做了相关说明，其中由专业设计师或专业顾问提供的图纸和资料会被存放在该文件夹中，如常见的灯光顾问、厨房顾问、声学顾问和智能化顾问提供的图纸和资料。

③供应商资料

该文件夹中存放的是所有材料商、专业设备供应商提供的产品资料或选型文件，如五金厂家、隔断厂家、酒柜厂家、地暖厂家提供的图纸和资料。

④现场过程照片

该文件夹中存放的是项目施工过程中各个时间点的现场照片。

供应商资料

（2）工作文件

工作文件在平时工作中是使用频率最高的一项，其中的内容需要根据公司的业务情况来建立。如果是全案设计的公司，那么工作文件夹中会有3个子项，分别是"方案"、"施工图"和"软装"。如果是以施工图设计为主，那么工作文件夹中只会包含"施工图"这一项。由于工作文件夹本身的体系相对比较大，所以后面还会进行详细说明。

（3）协调文件

在协调文件夹中一共包含3个子项：收文件、发文件和管理文件。

工作文件

协调文件

①收文件

该文件夹中主要存放业主方发送过来的文件、表单、邮件等。

收文件

②发文件

该文件夹中主要存放设计方对外发送出去的所有文件、表单、会议纪要和过程图纸。

收文件

③管理文件

该文件夹中主要存放公司内部的一些管理表单，比如，项目所需的原始空白工作表单；对应项目的合约、工作计划、通讯录等需要设计师持续填写或查看的表单。

收文件

（4）归档文件

该文件夹中主要存放的是项目最后完成的施工图纸和现场完工照片。整理这些内容除了作为项目最后的归档，也是为了以后作为其他项目的参考。

归档文件

2. 工作文件

工作文件中的施工图主要包含 4 部分内容：建筑底图、参照文件、工作文件和备份文件。

（1）建筑底图

建筑底图文件夹下放置的是整理好的，供参照使用的建筑底图文件。由于 dop 设计所做的项目体量相对比较大，建筑底图数量也较多，所以并没有将建筑底图放在参照文件中，而是独立出来，统一放在"建筑底图"文件夹下。

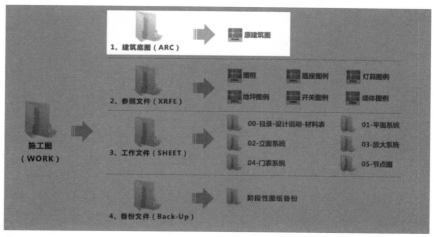

建筑底图

（2）参照文件

如果在工作中没有使用参照文件的习惯，这一项内容可以不添加，但使用参照文件的方式会给大型项目图纸的调整和替换带来极大的便利。

参照文件中主要包括图框、插座图例、灯具图例、地坪图例、开关图例、墙体图例等，可以根据项目的具体需要添加对应的参照文件。

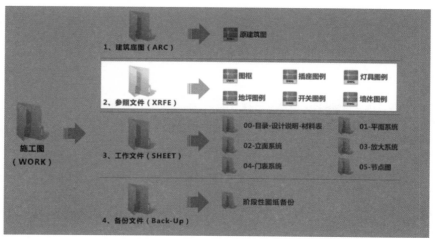

参照文件

（3）工作文件

工作文件中存放的是正在绘制的图纸内容，其中包括组成一套图纸的 6 个系统文件夹：表单系统、平面系统、立面系统、放大系统、门表系统和节点系统。当然，也可以根据自己所在公司的图纸体系来建立。

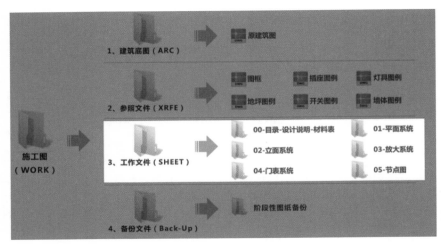

工作文件

（4）备份文件

此文件夹中包含的是有价值的阶段性图纸，如扩初阶段的图纸、施工图阶段的图纸、深化阶段的图纸。通过这种单独的备份，可以很清晰地了解到当初每个阶段的图纸情况，便于和业主以及团队内部的沟通。

这里还需要注意：当图纸发生重大变更时也需要相应备份，方便后期对比参考。

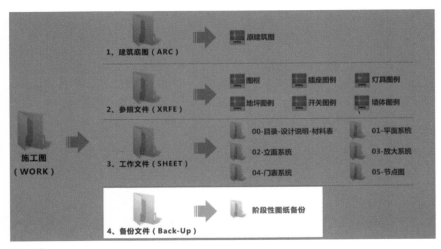

备份文件

dop 室内高端施工图项目流程管控

3. 注意事项

（1）精简原则

项目文件夹一定要遵循精简的原则，设置越烦琐越难以持续执行。由于每家公司对项目文件夹的要求都不相同，所以，这套文件建档分类标准更多的是提供一个文件分类的思路，每个人都可以结合自己的情况做一定的调整和精简，以便符合自己实际的工作场景。

（2）文件命名

项目文件夹最后一级的文件夹命名最好采用"日期＋简要的文字说明"的形式，因为根据实际经验来看，这种方式对识别和查找来说都是最直接、有效的。

（3）文件的唯一性

所有文件夹内的资料尽量不要重复存放，确保资料的唯一性。如果项目周期较长，很多资料长时间不使用很容易忘记，当有重复文件出现时，会给检索带来极大的干扰。

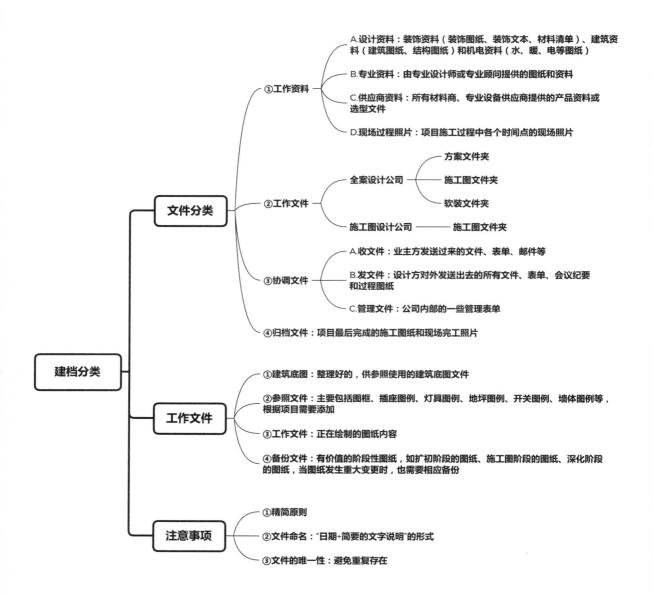

建档分类

文件分类

①工作资料
- A.设计资料：装饰资料（装饰图纸、装饰文本、材料清单）、建筑资料（建筑图纸、结构图纸）和机电资料（水、暖、电等图纸）
- B.专业资料：由专业设计师或专业顾问提供的图纸和资料
- C.供应商资料：所有材料商、专业设备供应商提供的产品资料或选型文件
- D.现场过程照片：项目施工过程中各个时间点的现场照片

②工作文件
- 全案设计公司
  - 方案文件夹
  - 施工图文件夹
  - 软装文件夹
- 施工图设计公司 —— 施工图文件夹

③协调文件
- A.收文件：业主方发送过来的文件、表单、邮件等
- B.发文件：设计方对外发送出去的所有文件、表单、会议纪要和过程图纸
- C.管理文件：公司内部的一些管理表单

④归档文件：项目最后完成的施工图纸和现场完工照片

工作文件

①建筑底图：整理好的，供参照使用的建筑底图文件

②参照文件：主要包括图框、插座图例、灯具图例、地坪图例、开关图例、墙体图例等，根据项目需要添加

③工作文件：正在绘制的图纸内容

④备份文件：有价值的阶段性图纸，如扩初阶段的图纸、施工图阶段的图纸、深化阶段的图纸，当图纸发生重大变更时，也需要相应备份

注意事项

①精简原则

②文件命名："日期+简要的文字说明"的形式

③文件的唯一性：避免重复存在

八、

资料评估

——做得越多错得越多，源于你不能提前发现问题

资料评估可以说是判断一名设计师综合能力最好的方法之一，最大的原因在于：资料的评估不只是纵向对装饰资料的评估，还需要横向对专项资料的评估，而专项资料不仅包括建筑图纸、结构图纸、机电图纸，还包括之前提到的灯光资料和声学资料等相关的设计资料。项目越复杂，相关的设计资料也就越多，对设计师能力的要求也就越高。与此同时，还需要设计师对国家的相关规范有深入的了解，只有这样才能发现别人看不出来的问题。尤其对管理者来说，资料评估可以说是一项核心技能。

1. 设计资料评估的具体内容

设计资料分为两类：一类是装饰资料，主要包括室内设计的方案、图纸、物料等内容；另一类是专项资料，主要包括建筑、结构、机电、灯光、声学等内容。

设计资料的评估简单来说就是在开展施工图绘制前，审核收到的所有资料，并找出其中的问题。大体上应从以下 3 个方面进行评估：装饰资料自身的问题；装饰资料与专项资料之间的矛盾问题；专项资料与专项资料之间的矛盾问题。

（1）装饰资料自身的问题
装饰资料的评估可以从 3 个方面考察：完整性、正确性和可实施性。

①完整性
这里说的完整性主要是指资料本身的完整性。如一个精品酒店一共有两层，但打开平面图纸后发现只有一层平面图，没有二层平面图，这种情况就是装饰资料的不完整。

再比如，一个项目中一共有 5 个重要空间，但方案设计师只提供了 3 个空间的设计方案，这也属于装饰资料的不完整。

②正确性

正确性无关于美丑，但是高于美丑。如果一个项目设计的正确性存在问题，就会直接导致项目本身无法建造，或功能无法正常使用。而装饰设计的正确性主要体现在法规的正确性和功能设计的正确性这两方面。

法规的正确性是指所有设计项目必须满足国家和地方相应的法律规范的要求，这是设计的底线要求，绝对不能违反。如下图案例，方案设计为了追求效果，在消防前室的疏散门外又做了一道暗门，影响了逃生疏散，是不符合消防规范的。

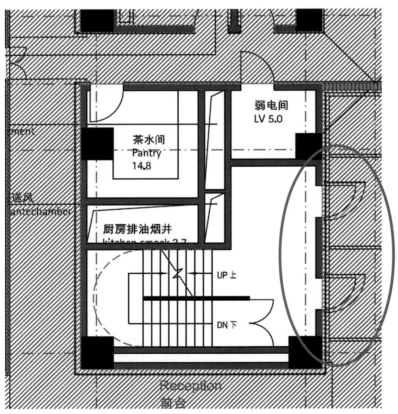

错误的设计手法

下页上方图是一个位于地下一层的餐厅，吊顶的设计是木质格栅。但根据消防规范，地下空间的天花材料必须达到 A 级防火，所以使用木质格栅就是不正确的。

不规范使用天花材料

功能设计的正确性是指方案设计是否能满足使用功能上的需求。比如，下面这张效果图是一个办公楼的电梯厅方案，整个空间很高，但天花上只设计了 3 条灯带用作照明，有可能出现照度不足的情况。所以，我们需要将担心的问题提出来，让设计师进一步确认，这就属于功能设计的正确性问题。

办公楼电梯厅方案

再比如，下图是一个办公项目的公共卫生间方案，整体上的设计风格、材质、尺度都比较清晰，但方案中并没有体现烘手器、纸巾盒、皂液器、垃圾桶等常规设备，在使用功能上是有缺失的，所以我们有义务提醒方案设计师做进一步的考虑。这同样属于功能设计上的正确性问题。

公共卫生间方案

③可实施性

可实施性是指设计方案本身并没有问题，但是受到客观条件和工艺水平的影响，可能无法实现。

看右图的案例。如果想在自己的方案中设计这样的超高玻璃隔墙，本身并没有什么问题，毕竟已经有实际的完成效果了。但这里并没有考虑项目的成本问题，可能一块这样的玻璃造价就在 20 万元左右，业主如果无法接受这个价格，方案就不可行。这种情况就属于设计方案受限于成本因素而不可实施。

超高玻璃隔墙

再举一个例子，假如要在一个位于大楼 30 层的办公项目的方案中设计一个高 3 m、宽 2 m 的整块玻璃屏风，我们不仅要考虑屏风的做法，还需要考虑这个屏风的搬运。如果电梯轿厢的尺寸无法容纳这个屏风，那么它将无法被运输到楼上，这种情况可能就需要重新调整方案了。在这里，超大屏风的方案，就因为运输这个客观条件的限制而不可实施。

工艺的可实施性是指有些设计方案受限于产品或工艺水平而无法实现。比如，下图是一个办公项目的公共卫生间隔断，方案设计师要求采用全玻璃材质，并且隔断完全腾空，下方没有任何的支脚，上方也没有吊杆，从施工工艺的角度出发，这个方案很难实现，这种情况也属于工艺可实施性问题。

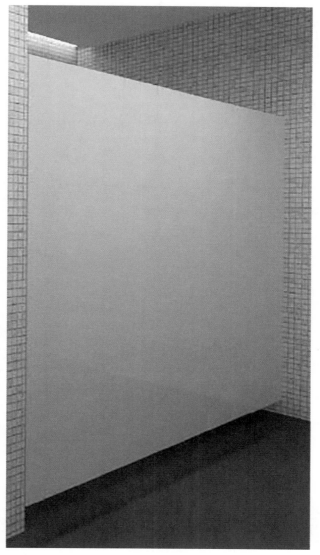

公共卫生间隔断

（2）装饰资料与专项资料之间的矛盾问题

在这类问题中，最常见的就是装饰设计与建筑设计之间的矛盾问题。比如，下图是一个办公项目的一层大堂部分，其建筑资料中显示，红线处有一道防火卷帘，但在方案中并没有体现出这道防火卷帘的形式和做法，但这道防火卷帘一定会对墙面和天花的装饰效果产生影响。这种情况就是装饰资料与专项资料之间的矛盾问题，我们有必要针对这类问题提醒方案设计师注意。

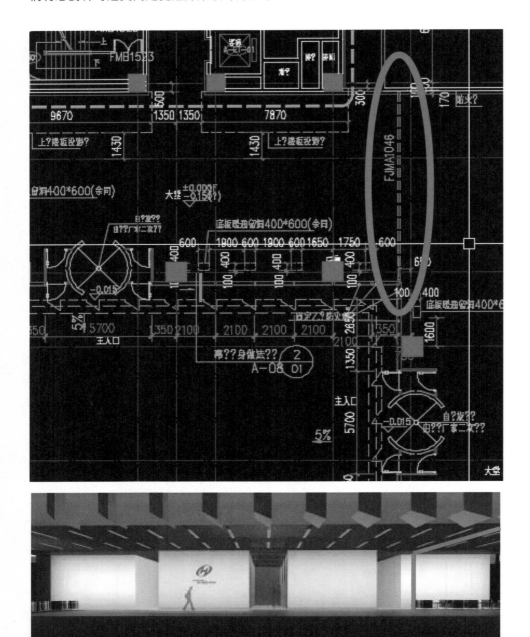

大堂平面图和方案

下图也是一个办公项目的一层大堂，设计师在方案中将疏散门的位置进行了调整，这样的调整直接改变了建筑设计和外幕墙设计。这样的改变是否可行，是否得到了业主和建筑设计单位的允许，需要我们提醒方案设计师注意，并与相关单位沟通确认。

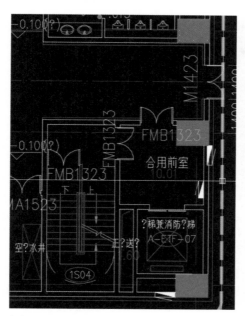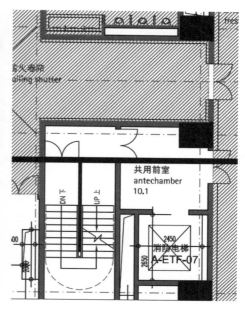

大堂平面图

当装饰资料与建筑专项资料发生冲突时，一定要以建筑资料为准，对有争议的区域进行调整必须要得到建筑设计师的认可。

（3）专项资料与专项资料之间的矛盾问题

这个问题主要指项目设计之间存在的矛盾和冲突，最常见的是建筑图纸与结构图纸之间的矛盾。比如下图的案例，由于一个项目的建筑图纸和结构图纸是由两个独立

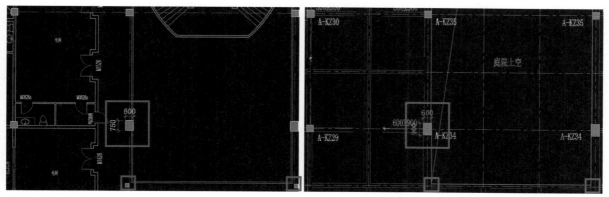

建筑图（左）和结构图（右）

的专业设计的，所以在对比这两个专业的图纸时会发现，相同的位置，建筑图（见 75 页左图）上的柱子与结构图（见 75 页右图）上的柱子尺寸完全不一样。同时，在建筑图下方显示有两个小柱子，但在结构图下方完全没有。这种情况就是各专项资料之间的矛盾。在这种情况下，我们无法判断以谁为准，应当及时向业主反映。但是如果没有进行两个专业的复核叠加，盲目以某一方提资开展工作，会造成我们自己的失误和返工。

这种情况也会出现在其他专业之间。比如，在给排水图中，某个立柱旁边会有排水立管，但在建筑图中并不会体现，这同样也是各专项资料之间的矛盾。

2. 资料评估清单的制作

在做完资料评估后，我们可能已经发现了很多的问题，但是如何把这些问题清晰地表述给业主或是其他专项设计师呢？千万不要试图用电话或其他口头等方式沟通，这些方式看似省力，但碎片化的沟通肯定是缺少逻辑性的，同时也很难留下清晰的记录，万一后期双方产生分歧，就很难分清责任。正规的方式应该是制作一份资料评估清单，把所有问题梳理清楚，以书面的形式体现出来。下图所示是 dop 设计的资料评估清单格式，供大家参考。

资 料 评 估 清 单

编号：　（第　页/共　页）

项目名称 PROJECT NAME:	
项目编号 PROJECT NUMBER:	发文日期 ISSUED DATE:
发文单位 DISPATCHING UNIT:	收文单位 RECEIVING UNIT:

一、收到资料：

1. 装饰资料

（1）业主于 2019 年 02 月 09 日提供的 XXX 图纸。

（2）业主于 2019 年 03 月 19 日提供的 XXX 图纸。

2. 建筑资料

（1）业主于 2019 年 02 月 20 日提供的 XXX 图纸

（2）业主于 2019 年 02 月 20 日提供的 XXX 图纸

（3）设计院于 2019 年 04 月 03 日提供的 XXX 图纸

3. 其他资料

二、图纸情况：

（1）XXX 图纸基本齐全。

（2）缺 XXX 图纸。

（3）缺 XXX 图纸。

（3）XXX 图纸提交约 30%。

三、疑问清单：

1. XXXXXXX（具体见附图）

2. XXXXXXXXXXXXXXX

3. XXXXXXX

4. XXXXXXXX（具体见附图）

资料评估清单

清单中的第一项内容，首先要说明评估的内容，也就是审核了哪些资料，得出的评估意见。这一点必须要做到和业主同频，确保双方说的是同一个资料、同一个版本。

第二项内容就是把发现的问题按照不同的分类模式罗列出来，如功能、规范、工艺、材料等方面，然后加以说明。说明的形式可以是文字描述，也可以是图文结合。

1. 请提供原建筑图，结构图，暖通图，给排水图等建筑、机电设计图纸，相关顾问图纸，以便核实室内顶面标高及风口位置等。（已提供）
2. 客房室内幕墙落地玻璃边是否需设置扶手栏杆，未见相关图纸，请原设计方明确。（跟整体设计相关联，需原设计方明确）

文字描述

1. 规范：

（1）大堂二层挑空区域和一层为同一防火分区，二层防火墙改为"防火玻璃"有风险，需要论证。

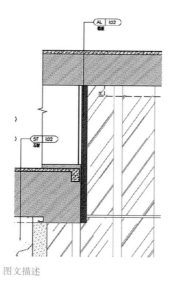

图文描述

如果图纸数量和图纸问题都比较多，用文字或图片的方式已经无法清晰表达了，也可以直接在图纸上圈注说明。

在做资料评估时，设计师经常会有一个错误的认知，就是试图一次性将所有资料收集到位，然后统一进行评估审核。在实际工作中，这只能是一个理想的状态，因为在整个的项目进程中，不论装饰资料、建筑资料还是其他专项资料的收集，都是一个持续的过程，也就是说，对资料的评估是一个动态的过程，所以对设计师提出的要求是：对不同阶段的设计资料都能做出相应的评估并发现问题。资料评估的能力也并不是短时间能够培养出来的，这种能力需要多年的经验积累和对专项知识的深入了解，并配合大量的实操，才能有所提升。

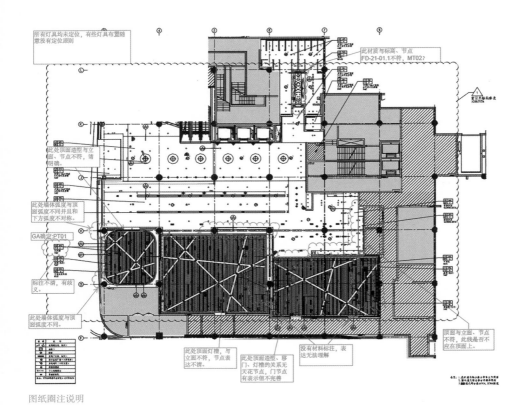

图纸圈注说明

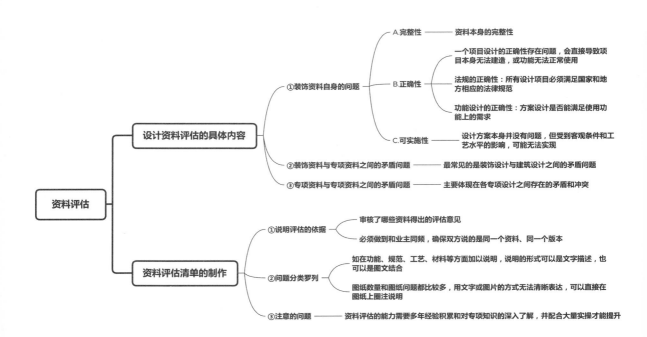

dop 室内高端施工图项目流程管控

中期阶段

MID-TERM STAGE

九、

项目策划

——不明确的要确定，该准备的要提前

项目策划工作做得好，会让整体工作事半功倍。如果拿到资料就开始埋头画图，完全不做项目策划分析，完全不考虑完成项目的每一步计划，这个项目就会像一匹脱缰的野马，无法驾驭。尤其当项目的体量大、复杂程度高时，很容易出现不断地重复工作和返工的情况。

下面介绍一套项目策划的方法。一共分为两个部分：项目启动准备、项目前期策划。

1. 项目启动准备

一个项目在启动前，首先要做的是确保一些关键性的项目信息和执行标准，让团队中的每一个成员都能了解到，而且大家的理解必须一致。这里需要做两项工作：一个是项目交底，另一个是确定制图标准。

（1）项目交底

一个项目，不论类型和大小，只要存在团队协作和配合，项目交底就是一个绕不开的环节。

从团队工作效率的角度来看，如果一个团队有 5 个人，除了负责人对项目情况的了解最为充分外，其余成员甚至可能是第一次接触这个项目，处于对项目一无所知的状态。如果每个人按自己的方式阅读设计资料可能需要 1 ~ 2 天才能有大概的了解，而且这个理解因人而异，每个人都会有不同的想法，会大大增加后期的沟通成本。但是如果由负责人牵头，按照既定的流程让团队成员了解项目全貌，快速理解方案设计，可能只需要 2 个小时就能完成。在交底过程中，大家如果有疑问可以直接提出，由负责人解答，大家通过集思广益也会发现一些有价值的问题。这样的好处是，大

家的信息来源统一，发现问题也能得到统一的回复，会有事半功倍的效果。

从团队整体成长的角度出发，因为团队当中个人能力的差异，一般公司会将复杂的工作交由资深的设计师负责，相对比较简单的工作则交给能力稍弱的设计师，但长此以往，如果只将注意力放在自己负责的那部分工作内容上，就会导致能力较弱的设计师忽视全局，很难成长。比如，项目快要结束了，团队中的年轻设计师还不知道这个项目多大面积，有几层，每层的功能是什么，因为他只负责画几个电梯厅。如果大家都是自扫门前雪的话，不论对个人还是对团队的发展都很不利。而通过项目交底的方式，可以让普通设计师站在更高、更全面的角度了解整个项目的情况，从而认识到自己的局限性，能够主动发现项目中自己可以尝试和去挑战的工作内容。通过这种方式也能加速团队的成长，提高整个团队的战斗力。

项目交底时应该和团队沟通哪些内容呢？

①项目基本信息
交底时应对项目的整个基础信息做大致的介绍，包括以下内容。

a. 业主信息（谁投资）、设计单位信息（建筑设计单位、室内设计单位、建筑设计院）。
b. 项目性质（住宅、商业、酒店、餐饮……）。
c. 项目地址及周边环境。
d. 设计范围及面积、功能分区、动线说明。
e. 对项目造价要求等信息进行说明，具体到设计边界在哪里，有几层，每层的功能是什么，有几部电梯、几个疏散楼梯等。

②分析设计方案
第二步是分析设计方案，会根据方案提资（方案文本、效果图、图纸、材料表等），对于项目的风格、造型、主材加以分析，找出项目中的重点、难点和亮点，这些往往都是施工图确保方案能否最终落地的关键。通过分析这些内容，可以很好地帮助整个团队快速理解方案设计师的想法，让团队成员对方案设计的理解达成统一。

（2）确定制图标准
对于一个持续做相同类型项目的设计公司来说，制图标准并不会有太大变化，但对于需要和不同方案公司打交道、配合做施工图工作的公司来说，确定制图标准就是一个很重要的问题。深化公司接触的项目类型多，方案设计公司多，不同的制图标准要求也多，在项目启动前，制图标准的确定更显得重要，所以这里对制图标准的内容加以说明。

以 dop 设计和方案设计公司的合作举例，对于制图标准的确定有两种情况。

第一种情况是一些成熟的方案设计公司有自己的一套制图体系，不允许合作的公司随便调整，要按照他们的标准制图。因此，第一步需要先熟悉和了解方案设计公司的制图标准。

第二种情况是方案设计公司对制图标准没有要求，可以按照他们的标准执行，也可以按照 dop 设计自己的标准执行。这时，很多人会认为肯定是使用自己的制图标准最好，因为这套标准已经很熟悉了，新的标准还需要重新适应和学习。但如果项目体量大，方案设计公司前期提供的图纸数量已经比较多了，平面图、立面图提供了几十张，这时再按自己的标准把每一张图中的线型、图层，以及标注符号等内容全部替换一遍，工作量也是不小的。这时需要判断到底是使用一套新的制图标准付出的成本低，还是使用自己公司的制图标准要付出的成本低。

在项目启动前，需要确定图纸标准的哪些内容？

①确定图纸体系

在本书有关确定工作标准的内容中，对图纸体系已经做了相应说明。图纸体系需要根据项目的具体情况，以及业主的要求确定，需要确定的问题包括平面系统图的数量、内容，以及是否需要区域放大，应该如何放大等。

这里重点介绍如何进行区域放大。在大型项目中，由于总图尺寸过大，无法匹配正常图幅出图，图纸需要分成不同的区域放大，确保每个区域的放大图能满足正常的图纸比例和图幅要求。这里举两个例子。

一种是平面图中功能分区明显，可以按照建筑形态和不同的功能空间进行区域放大。如下图，把一个酒店的总平面图分为三部分放大：左侧大堂及大堂吧区域、中间电梯厅及楼梯间区域，以及右侧餐饮区域。

另外一种是当无法按照建筑形态和功能进行区域放大时，可以采用均匀分配的方式。如下页图，这是一个单层面积

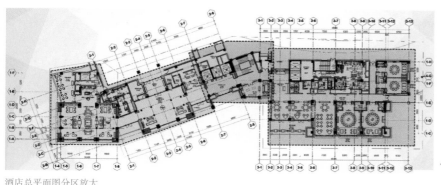

酒店总平面图分区放大

接近 60 000 ㎡的商业项目的总平面图，建筑形态完整，功能也相对单一，我们只能比较均匀地将总图切分成 15 个区域进行放大。

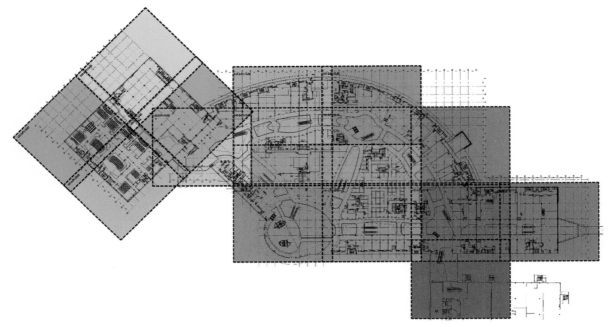

总平面图放大

②确定图层线型及打印样式

这里只有一个问题需要判断，是直接采用自己的体系，还是延续使用方案设计公司的图层，以及线型体系制图。

③确定制图是否使用外部参照和图纸集

在实际工作中，是否使用图纸集和外部参照画图，这需要根据项目大小和自己所在团队的工作习惯来确定。但有一点需要注意：一定要在项目启动前确定，如果项目启动后再做调整，会造成大量的时间浪费。

④确定图幅比例

一个项目的施工图是选择 A1、A2 还是 A3 图幅，影响因素主要是项目的大小和比例的要求。项目面积大，平面图必然也会比较大，自然要选择更大的图幅。而对于施工图设计师平时的工作来说，图幅和比例的选择还有一个很重要的意义，就是会对平面系统图的工作量造成很大影响。如下页图案例，这个项目如果采用 1 ∶ 100 的比例，使用 A1 图框就很理想。但是同样条件下如果使用 A2 图框，就不得不进行区域放大，原来的一张平面图就变成了两张，工作量就变多了。

dop 室内高端施工图项目流程管控

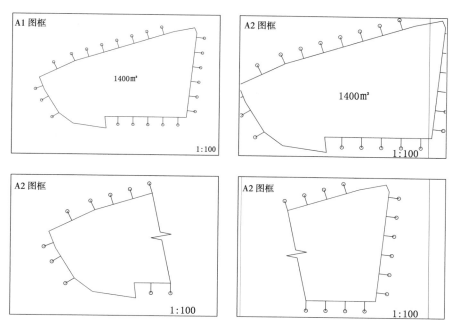

施工图

有人可能会认为，那确定图幅时尽量选择大的就好了，比如，上面的案例就可以选择 A1 图幅，为什么要自找麻烦去选择 A2 图幅呢？首先，对于上面的案例，我们觉得选择 A1 图幅合理，是通过分析得出的结论，如果毫无理由就盲目选择大的图幅是没有说服力的。其次，大家可能都遇到过一些业主或设计师，认为图幅小翻看更加方便，这也需要我们进行合理的分析来说服他们。

⑤制作明确的平面、立面、节点的样图

在本书"三、工作标准"中，已经介绍了为业主提供样图的必要性，并且强调需要提供一套与项目类型和规模匹配的样图。这里说的样图则是指针对本项目提前绘制一份平面系统图（局部区域就行）、立面图（1 ~ 2 张典型立面图）、节点样图（天花、地坪、墙身各一张）。其中要体现图纸内容、深度要求、填充标准、字体、符号等信息，这些样图是指导各个团队成员绘图时最直观、最权威的模板，如果在制图标准上产生分歧，可以以此为准。

同时，还要将制作好的样图以实际图幅大小打印出来进行论证，并确定是否需要进一步调整。这些工作确实需要耗费一些时间，但前期的这些付出，可以很好地规避项目后期出现问题，降低大量修改的风险。

⑥确定门表格式

门表格式的选择，主要取决于项目中门的数量的多少。当一个项目中门的种类和数量较多时，可以在一张图上整合多个类型的门，并表达门的平、立面形式，门的节点则索引到独立的门节点图纸表达。

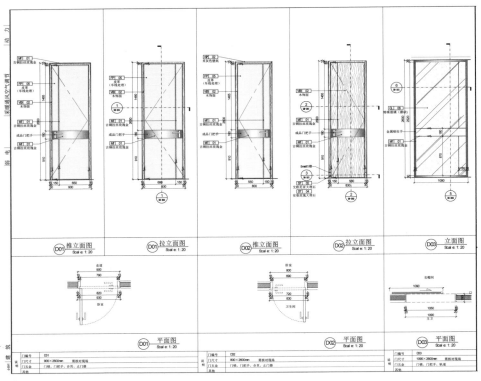

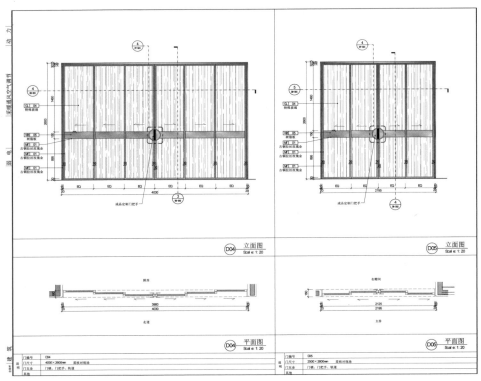

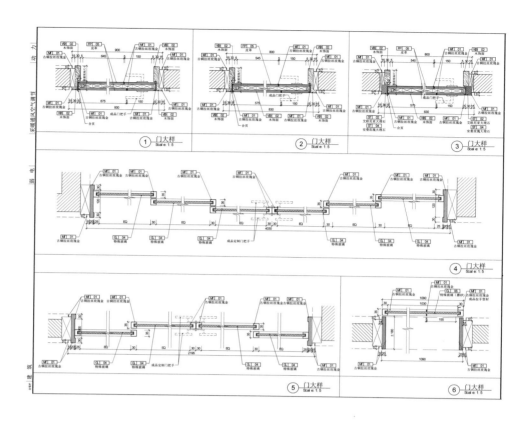

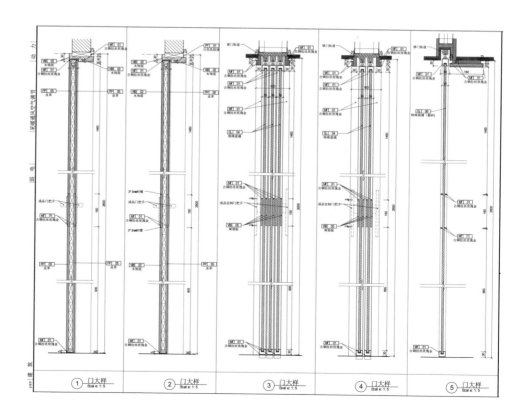

当项目中门的数量比较少的时候，可以采用下图这种将一个门的平、立、剖面全部
表达在一张图上的形式，这种形式比较适合门类型较少的项目。

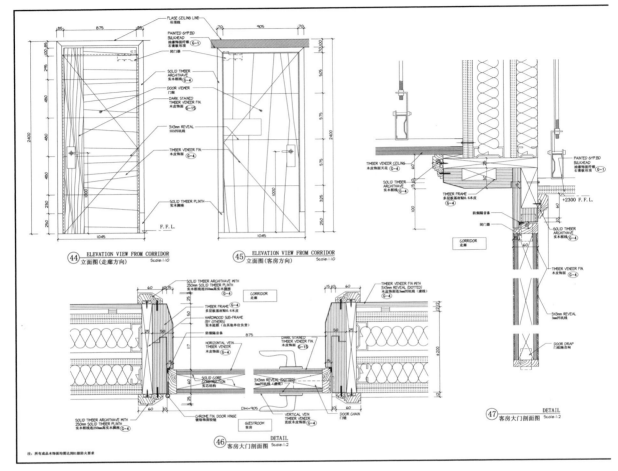

门表

2. 项目前期策划

前期策划需要完成 4 个方面的内容：工作量划分、团队组建、设定计划和外部支持。

（1）工作量划分（图纸分配）

在工作量划分前，需要提前确定平面方案，如果暂时无法确定，则需要确保平面方
案不会有大的调整。在这个前提下，我们需要对图纸的数量进行初步评估，以确保
工作内容的分配相对比较平衡。再下一步就是根据小组内部设计师的情况，进行具

体工作量和工作内容的分配。一般有两种分配方式：一种是按照区域分配，另外一种是根据图纸类型分配。

①按照区域分配

这种方式是将项目分成若干区域，每个区域的平、立面和节点图由一个人完成。这种方式最大的好处是，由于一个区域的平、立、剖面图纸都是由一个人完成的，所以对整个区域的整体设计理解比较深，工作时连贯性高，也更容易发现图纸之间的问题。不好的地方在于，对个人能力的要求比较高，需要一个人具备单独完成整套图纸的能力，当一个小组中的成员水平差异过大时，很难采用这种分配方式。这种分配方式对项目本身也有一定的要求，它更适合那种区域划分比较独立的项目，如多层的商业综合体、中大型办公、中大型酒店、中大型会所或餐饮项目。

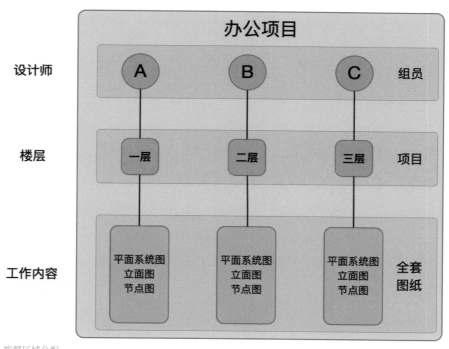

按照区域分配

②根据图纸类型分配

我们也可以采用把不同类型的图纸分配给不同的设计师的方式。这里的图纸类型，就是我们常说的平面系统图、立面图、节点图以及表单类图纸。这种分配方式的好处在于，可以根据小组每个人的能力来匹配不同难度的工作内容。比如，平面系统

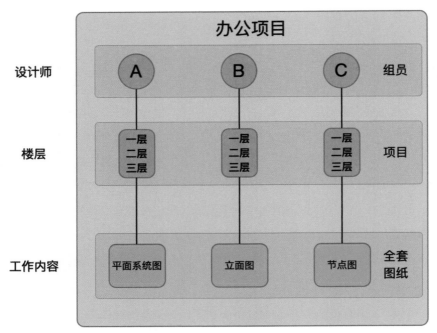

办公项目

| 设计师 | A | B | C | 组员 |

| 楼层 | 一层 二层 三层 | 一层 二层 三层 | 一层 二层 三层 | 项目 |

| 工作内容 | 平面系统图 | 立面图 | 节点图 | 全套图纸 |

根据图纸类型分配

图对设计师能力要求比较高，可以分配给组内能力比较强的设计师；立面图对设计师的能力要求相对比较低，就可以分配给组内能力相对比较弱的设计师。按照这种方式来划分工作内容，可以让小组的整体效率最大化。

这种分配方式不好的地方在于图纸出错的概率会增加，因为每个人只负责整套图纸的一部分内容，导致图纸间的衔接很容易出现问题，比如，平面图做了调整，但绘制立面图的设计师可能没有注意到；立面图造型做了调整，但绘制节点图的设计师没有注意到。

（2）团队组建

团队组建主要取决于项目类型和规模，如果项目类型和规模都相对比较固定，则取决于个人能力和人的效率，尤其是当组内有新人加入的时候，产生的结果往往不是一加一等于二或大于二，而是小于二。因为新人需要资深设计师带领，需要熟悉新的制图标准，这种情况就会降低团队整体的工作效率。

对于团队组建还有一点需要注意，在项目进行的过程中，组内人员数量是变化的，并不是项目启动时确定了多少人，到项目结束时还是多少人。以 dop 设计参与的五星级酒店深化设计项目为例，项目的基本人员配置为 6 ~ 7 个人，包括 1 名组长，大约 2 名资深设计师、3 ~ 4 名设计师。在前期的资料评估沟通阶段，只有组长和 1 名资深设计师参与。当项目启动后，开始集中制图工作时，组员会全部参与进来。到了项目后期，方案的设计变更和修改工作由组长带领 1 名资深设计师及 1 名助理设计师完成。最终图纸提交后的持续跟进工作，则是由组长负责对外联系协调，搭配 1 名资深设计师跟进图纸工作。

项目团队人数是一个持续的变量，需要根据工作阶段的变化进行机动的调整，所以要求管理者在制订计划的时候，对项目的变化和人员的调配要有一定的预测和把控能力。

（3）设定计划

有了工作计划可能项目进度依然无法完全控制，但是如果没有工作计划，项目就会完全失控。先做后想的习惯是不可取的。本书的核心在于做所有事情都要先想再做，预判可能发生的问题，提前想到解决预案。

①设定目标

在设定计划之前先要明确一个具体的目标，所有计划都是为了目标的达成而服务，没有目标，则没有计划，而目标的制订必须要满足 SMART 原则，也就是目标的制订必须满足以下几个条件：Specific（明确的、具体的）、Measurable（可衡量的）、Achievable（可达到的）、Rewarding（跟目的相关的）、Time-bound（有时间限制的）。

②把大目标拆解成小目标

如果施工图设计最终的目标是"为了实现项目方案能最终落地，在 ×××× 年 ×× 月 ×× 日之前，完成全套施工图纸的提交工作"，我们就需要将这个大目标，像切蛋糕一样切成许多小份，然后一口一口吃掉，每块小蛋糕吃完了，大蛋糕也就吃完了。

那么，这个蛋糕应该如何切呢？主要是根据图纸的顺序和类型来进行，当然也要结合本书"四、工作目标"中提到过的那些可能会被前置的小目标，如帮业主完成项目招标、帮助业主完成项目的消防报审、指导施工方阶段性施工等。其实，在完成这些小目标的同时，距离大目标也就越来越近了。

③把目标拆解成任务

把目标拆解成任务，就是把结果拆分成实现结果的过程。前面在工作量的划分中已经提到了，可以根据项目的具体情况来判断是按照区域划分还是按图纸类型划分来拆解具体任务。

下页图就是按照图纸类型进行任务拆解以后得到的设计进度计划表。这张进度计划表可以看成是完成最终目标的主线任务，而过程中那些因为需要完成特定前置目标进行的任务，如为了配合业主消防报审提供图纸目录、设计说明、材料表、装修表、平面图、天花图、地坪图、综合平面图、综合天花图、立面图和机电设计中的部分图纸，就是在完成主线任务时会被前置的支线任务。

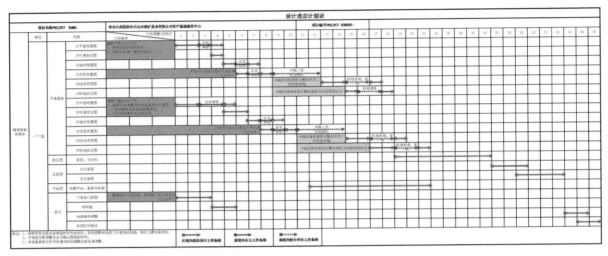

设计进度计划表

下面介绍两种规划设计进度表的方法。

正向规划：在这种情况下，自己比较明确目标是什么，也知道达成这个目标的具体方法和步骤有哪些。因此，只需要将这些步骤变成待办任务，然后逐项去完成就可以了。这种方法适合项目周期能把控的项目。比如，一个餐饮项目根据评估，大概需要 30 天时间，业主对此也没有异议，用这种正向规划的方式就比较合适。如果业主说项目周期紧张，只能给 15 天，那就需要用到第二种方法了。

逆向规划：以完成时间为基础，一步步向前倒推。首先我们一定要和业主达成共识，30 天的正常工作时间改为 15 天，并不是只压缩施工图设计的时间。方案设计的时间、业主确认的时间、其他专业配合的时间等都会比正常状态短，如果这个链条上的其他单位的提资和反应时间无法按计划执行，那施工图必然无法按计划完成。在此基础上，接下来的计划安排还是同样的逻辑，只是在逆向规划中对时间节点的控制要更加严格，任何延误或变更都会影响总计划的执行。

④执行

有了具体的规划和任务，下一步就是逐项执行这些任务。具体执行的方法属于图纸制作中的内容，这里不做过多说明。但有一点需要注意，在任务执行的过程中需要设置检查点，尤其是一些比较关键的图纸，如平面布置图、天花布置图、地坪布置图等，需要组长确认，以免因为这些关键图纸出现问题，造成其他图纸的连续错误。

关于施工图设计的计划设定，通过上面的设计进度计划表可以发现，一个计划绝对不是首尾相连的，并不是 A 工作结束了 B 开始工作，B 工作结束了 C 开始工作。比如，二次机电设计并不是所有平面系统图完成以后才介入进来；再比如，材料表、门表、节点图并不是要等所有平、立面图都画好了再开始制作。在一份合理的计划中，要体现出不同图纸之间的交叉，也要体现出不同专业的交叉，同时还有支线任务和主线任务的交叉。面对设计过程中的种种变更、滞后，我们在遇到变化时需要相应地做出调整，所以平时要培养自己面对突发情况的应对能力，尽量有意识地积累一些突发情况的预案，以备不时之需。

（4）外部支持

在对项目资料进行评估以后，会发现项目中的一些内容，由于团队的能力限制无法完成。在这种情况下就需要外部支持。外部支持有技术上的，也有人力上的，当然还有经济上的。比如，项目时间紧，交图时间又不能改，我们最需要的外部支持就是人。

下图是一个仿古建筑的设计方案，由于造型关系复杂，连方案设计师都没法说清楚细节。因为在做方案时只考虑了大概的空间感觉，效果图也是示意了大致效果，我们在经过了几次与方案设计师的沟通后，发现施工图工作根本无法推进，因为摆在眼前的已经不是施工图的问题，而是需要协助方案设计师深化和确定方案细节。

最后，我们提出帮助方案设计师进行 SU 建模来推敲细节关系，因为模型确定，方案就确定了，这样施工图工作才能正常推进。此时，SU 建模成了这个施工图项目的

仿古建筑设计方案

重中之重，但我们的团队并不擅长这种复杂的建模，所以需要寻求外部支持，帮助
我们完成这部分工作。

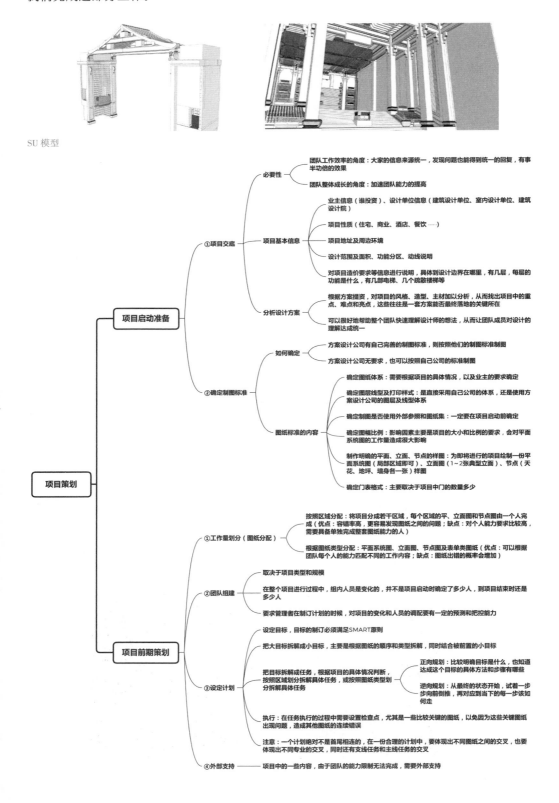

SU 模型

十、

图纸制作

——匹配项目要求的才是最好的

图纸制作是施工图设计师的基础工作，同样也是核心工作，很多设计师的成长路径都是从绘制施工图起步的。了解施工图，绘制施工图，对于一名设计师的成长来说，绝对是一大助力。关于制图方法、制图技巧等，在很多书籍中已经有了比较详细的说明，本书主要介绍如何理解施工图。

1. 施工图设计的多样性

dop 设计的主要业务是施工图设计，所以和很多全案（方案 + 施工图）设计公司相比，会存在一些不同。这些不同主要体现在项目类型的多样性和标准的变化上。

（1）服务的项目类型不同

以施工图设计为主的设计公司配合的项目类型不确定，从小的样板间、精品店，到大的餐饮、办公、酒店、购物中心建筑，再到医院、图书馆、展览中心都会涉及。由于项目类型的不同，使用的图纸标准和图纸体系也会有差异，这会大大增加团队管理和图纸质量把控的难度。

而对全案设计公司来说，一般不会有这方面的问题，因为只需要将精力放在一个类型项目的图纸标准和图纸体系上就可以了，更多的是这套标准和体系的不断优化。只要做好这一点，图纸质量和工作效率都会比较高。

如果工作中做的项目类型比较多，想在短时间内提高图纸质量和工作效率，有一个比较简单且见效快的方法就是梳理不同类型项目的样图，以及同类型项目不同规模的样图。在梳理过程中形成自己的一套模板，这样在面对不同类型的项目时，不管图纸质量，还是工作效率，都会有一定的保障。

（2）服务的业主类型不同

如果是做某一类项目的设计，可能面对的业主会比较单一。比如，做地产项目的设计公司，面对的业主一般都是地产开发商的管理人员（设计部门）；做餐饮项目的设计公司，面对的业主一般都是餐饮管理公司或个人投资者（老板）。长时间和同类型的业主打交道，最大的好处在于，他们的想法和目的都比较简单，只要摸索出一套规律，其他业主也可以适用，这样与业主之间的沟通成本会比较低。不要小看项目中的沟通工作，往往一个项目中会有很大一部分的时间被消耗在双方的沟通上，所以沟通成本的降低同样可以帮助团队提高工作效率。

而以施工图设计为主的设计公司会接触到不同类型的业主，除了前面提到的地产开发商的管理人员（设计部门）和个人投资者（老板），还有设计公司（方案设计）总监、商业管理公司（酒管公司、餐饮管理公司等）人员。这些不同类型的业主对施工图的理解和要求都不相同，所以需要针对不同类型的业主，采取不同的沟通方式，以及使用不同的图纸标准。

（3）服务的项目阶段不同

施工图设计还有一个很大的特点：开始工作的时间阶段不同。有的项目是从设计方案的初期就开始介入了，施工图设计方需要配合方案设计一起评估初期资料，对方案的可行性给予建议，参与绘制初步图纸等；有的项目设计方案已经完全确定，需要施工图设计方完成扩初图的制作，而这部分图纸和我们所说的施工图在图纸的标准和深度上存在差异；有的项目的扩初图已经完成，施工图设计方需要进一步完成全套施工图的制作，在这种情况下，施工图设计的切入点与上面所说的阶段又会有所不同；有的项目施工图已经完成了，但业主对图纸质量并不满意，需要第三方来进行客观的图纸审核，提供相应的设计管理和审图服务。

通过这些例子可以发现，施工图的设计服务会体现在一个项目的不同阶段，这也是与其他类型设计公司一个很大的区别。既然施工图设计公司服务的项目存在这些多样性与变化，就需要用开放的思维充分理解设计中的原则，形成自己的判断逻辑。

2. 施工图设计的三要素

（1）理解设计

虽然施工图设计是在方案设计的基础上进行的图纸设计工作，但是方案设计师不可能事无巨细地给出提资说明，因此，具备一定的设计素养、能够理解设计意图是施工图设计师必备的基本技能。以下面的效果图为例。

楼梯效果图

有经验的施工图设计师看到左侧效果图后的反应：

A 是墙面内凹式的隐藏扶手，它的大致尺寸、完成面所需厚度、扶手处的处理可能是下图这样的。

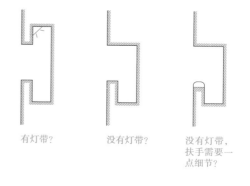

有灯带？　　　没有灯带？　　　没有灯带，
　　　　　　　　　　　　　　　扶手需要一
　　　　　　　　　　　　　　　点细节？

B 是后退式的石材楼梯踏步，它的后退尺寸、比例可能是下图这样的。

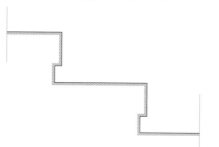

C 是特殊设计还是效果图表现错误，根据经验无法判断，需要和设计师沟通确认。

有了上述这些基本的方案理解，施工图设计师才能够由方向和方案设计师进行下一步沟通，进而敲定方案的具体形式。

（2）图纸标准

对施工图设计来说，不管在图面上还是深度上都没有统一的标准，只是成熟度和适用的项目类型有所不同。比如，下图是同一个服务台的节点图，两名设计师最终在图纸上呈现出来的不同效果。这两张图对于服务台信息的表达并没有太大的区别，可以理解为都是正确的图纸。但是第一张图纸在表达逻辑、排版上明显更专业。

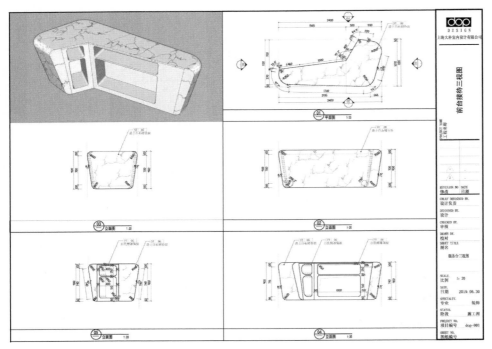

服务台的节点图 1

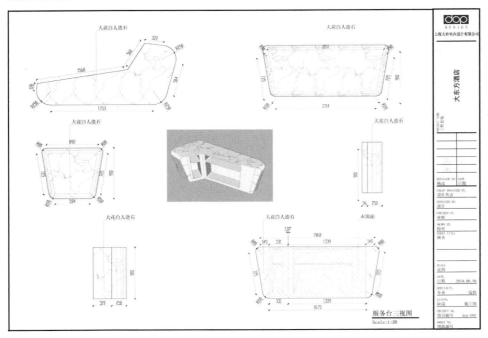

服务台的节点图 2

再比如下面两张图中，上图是常规住宅项目，下图是酒店客房，同样都是平面图，但由于项目类型的不同，最后呈现出来的图纸深度和表达方式会有明显的差别。案例中酒店客房的墙体需要明确表达墙体类型、构造，以及完成面厚度，普通住宅项目对这方面就没有过高的要求，究其根本原因，还是在于不同类型的项目对图纸的要求也完全不同。设计师需要根据不同情况在图纸的深度标准上做相应调整，以免浪费资源。

住宅平面图

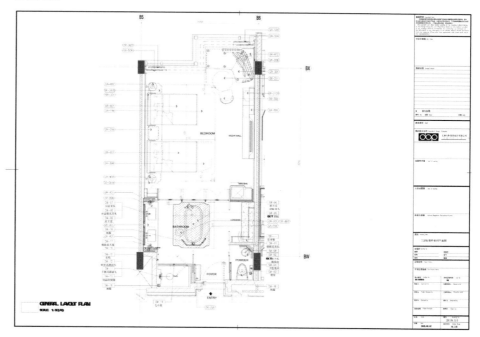

酒店客房平面图

（3）工艺工法

施工图设计的特殊性还有很大一部分体现在工艺工法上。方案设计师对具体的工艺
工法一般不做太深入的研究，更多的是将自己的想法表现出来。而施工图设计师则
要考虑方案的可实施性。

对团队中的基础设计师而言，只需要了解常规工艺和节点即可。而对于一些特殊节
点和工艺，则必须由负责人亲自上阵，很多创新型的工艺节点还需要借助外部力量，
如下图这个案例，中间的圆柱造型工艺已经超出了设计师的能力范围，必须借助材
料供应商和施工方的专业配合，才能最终实现。

效果图

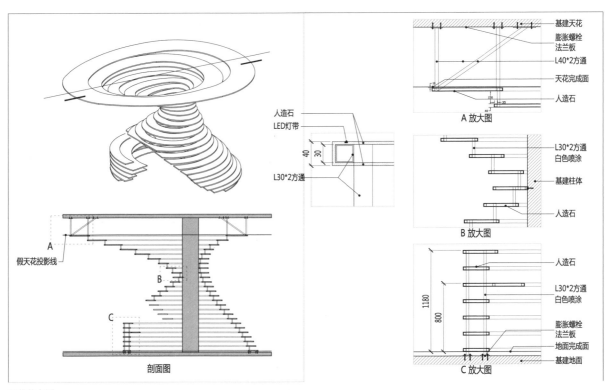

工艺节点图

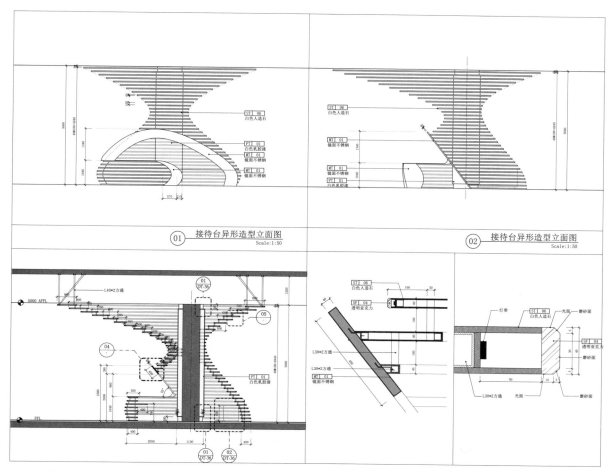

工艺节点图

对于工艺节点来说，基础节点需要整个团队都掌握，而对于一些特殊工艺，不要过于执着，毕竟在一个项目当中，特殊节点只占很小的一部分。虽然它可能是整个项目的点睛之笔，但有些工艺和节点并不是设计师在上面投入时间和精力就能解决的，要善用外部支持。

3. 需要关注的重点部分

对于一个项目来说，尤其是商业项目，在制作图纸的时候，并不是要把精力平均分散到各个方面，而是要遵守"二八定律"。只要抓住整个项目中 20% 的重点部位，项目就不会出现大的问题。当然，不同类型的项目，重点部位会有差异。

以卫生间为例。在大多数项目中，卫生间都是需要重点关注的部分，为了实现下页这张效果图中洗手台的效果，施工图设计师有几个点需要关注。

①台盆排水是否能够采用墙排形式，如果不能，是否可以把墙面加厚做地排。

②台盆的设计形式并没有考虑储物功能，是否需要。

③台盆的设计形式不利于检修，是否可行。

上述问题得到明确回复后，所出的施工图纸就可以覆盖同类造型的所有洗手台了。

卫生间效果图

报告厅大家都不陌生，阶梯型的报告厅也很常见。

下图这个报告厅，业主要求阶梯在会议时出现，举办活动时消失。这在本项目中就是业主和设计关注的一个重点空间，其中的重点问题也并不是单纯深化设计能够解决的。市场上有没有匹配这样需求的产品（能够移动收纳的阶梯座椅），如何找到专业的供应商来配合我们进行方案优化和深化设计才是重点问题。

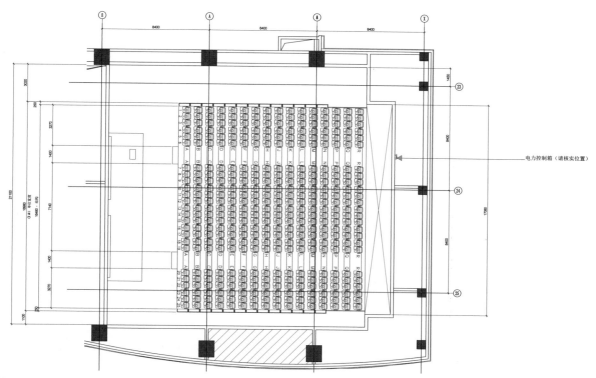

电力控制箱（请核实位置）

旋转楼梯节点图

找到供应商后，很多问题就变得简单了。首先，供应商根据人体工程学和产品特性给出了阶梯的高、宽，通道的宽度，座椅尺寸、数量排布等准确的数据，然后再根据这些数据给出空间净高的底限要求和收纳座椅所需的空间大小，以及相应的结构需求。

这样布置出来的阶梯平面以及座位数量虽然和原方案有所差异，但是因为具有极强的专业依据，是完善的整体解决方案，业主和方案设计师是能够接受的。

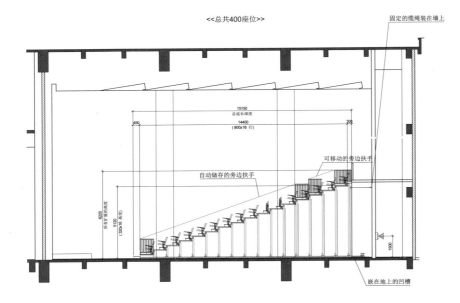

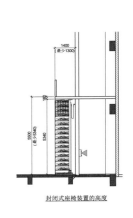

收纳状态

阶梯状态

在实际的项目中,还存在很多重点部位,想要对这些重点部位的问题有一定的敏感度,最好的方法就是多看案例,有目的性地收集项目中那些重点部位存在的问题。有了足够多的素材积累,才能发现自己项目中可能存在的问题。

dop 室内高端施工图项目流程管控

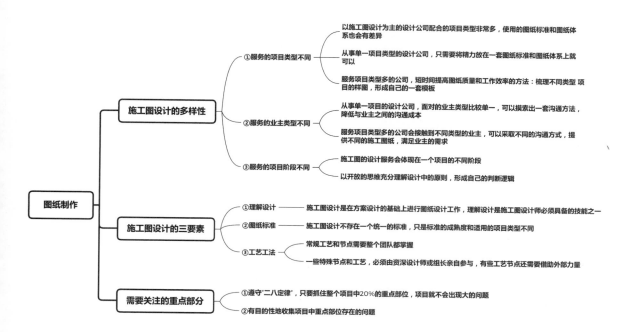

图纸制作
├─ 施工图设计的多样性
│ ├─ ①服务的项目类型不同
│ │ ├─ 以施工图设计为主的设计公司配合的项目类型非常多，使用的图纸标准和图纸体系也会有差异
│ │ ├─ 从事单一项目类型的设计公司，只需要将精力放在一套图纸标准和图纸体系上就可以
│ │ └─ 服务项目类型多的公司，短时间提高图纸质量和工作效率的方法：梳理不同类型 项目的样图，形成自己的一套模板
│ ├─ ②服务的业主类型不同
│ │ ├─ 从事单一项目的设计公司，面对的业主类型比较单一，可以摸索出一套沟通方法，降低与业主之间的沟通成本
│ │ └─ 服务项目类型多的公司会接触到不同类型的业主，可以采取不同的沟通方式，提供不同的施工图纸，满足业主的需求
│ └─ ③服务的项目阶段不同
│   ├─ 施工图的设计服务会体现在一个项目的不同阶段
│   └─ 以开放的思维充分理解设计中的原则，形成自己的判断逻辑
├─ 施工图设计的三要素
│ ├─ ①理解设计 ── 施工图设计是在方案设计的基础上进行图纸设计工作，理解设计是施工图设计师必须具备的技能之一
│ ├─ ②图纸标准 ── 施工图设计不存在一个统一的标准，只是标准的成熟度和适用的项目类型不同
│ └─ ③工艺工法
│   ├─ 常规工艺和节点需要整个团队都掌握
│   └─ 一些特殊节点和工艺，必须由资深设计师或组长亲自参与，有些工艺节点还需要借助外部力量
└─ 需要关注的重点部分
   ├─ ①遵守"二八定律"，只要抓住整个项目中20%的重点部位，项目就不会出现大的问题
   └─ ②有目的性地收集项目中重点部位存在的问题

十一、

设计协调

——多方面的设计协调是对知识广度的考验

无论前期的资料评估和项目计划做得多完善，项目在执行过程中还是会面临大量的问题。要想高效解决这些问题，考验的不仅是一名设计师的专业能力，同时也考验他的协调能力。

设计师的协调能力取决于自身知识面的广度。比如，对于综合天花的排布，设计师很容易找到点位对称、对中的方案逻辑，达到美观排布的效果。但如果对机电、消防、规范没有概念，这些排布方案就是空中楼阁，最终无法通过图纸审核。但是完全由机电设计师按照规范布置，虽然可以过审，可是点位和天花造型、灯具位置的结合不到位，装饰效果又无法保证。

一个项目中参与的人很多，方案设计师或者业主在项目中应该拥有更大的话语权，应该担负起协调的角色。但事实上，在大型项目中，方案设计师更关注的是方案效果的实现，而业主的设计部门除了效果外，更关注的是进度和成本，他们的工作重心和关注点都有一定的局限性。因此在实施过程中，尤其是项目的中后期，很多技术统筹和协调都是由施工图设计师执行的，因为施工图设计师具备做协调工作的优势。

首先，施工图设计师是参与项目时间最长的人；其次，施工图设计师是对装饰方案和施工图纸最熟悉的人；最后，施工图设计师也是对各方信息了解最为全面的人。也正是因为如此，施工图设计在近些年才越来越被重视，大家也越发地认识到，施工图工作绝不只是画图那么单一。

下面就来了解一下，项目中有哪些协调工作，面向哪些群体。在一个项目中，和设

计有关的协调工作主要面向四个群体：方案设计师（方案协调）、其他专业设计师
（专项协调）、业主设计管理人员（业主协调）、施工管理人员（施工协调）。需
要注意的是，这些协调不是孤立存在的，而是互相关联、互相影响，往往一方坚持，
另一方就要妥协。

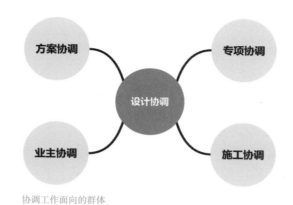

协调工作面向的群体

1. 方案协调

在方案协调中，重点是方案的理解和可实施性；目标是通过协调工作，确保设计方
案的可行性。

下图是一个方案设计师提供的酒店标准客房立面图。

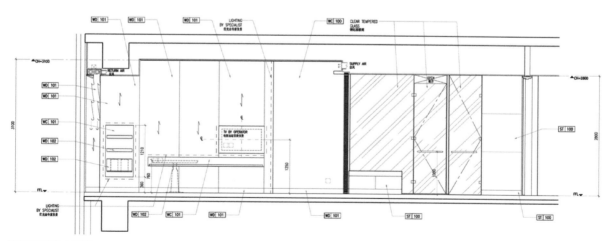

酒店标准客房立面图

方案协调的第 1 步：清晰地指出问题。

首先，找出方案设计中的问题所在（本书第八部分的内容，指的主要就是这个工作）。
例如，下页的立面图，通过复核结构图，可以发现这张立面图中的梁的尺寸和位置

与结构图存在很大冲突,所以在立面图上叠加红色的结构梁位,并标注梁的大小尺寸。
方案设计师通过这张图可以一目了然地了解客观情况。

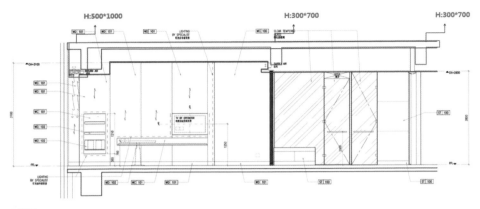

立面图

方案协调的第 2 步：准确地分析问题。

虽然已经发现了问题,也清晰客观地表达出来了,但是方案设计师可能还是一头雾水:
是的，我看出来这里的冲突了，但是会有什么问题？需要我做什么？这时候施工图
设计师要准确地分析出这个问题会导致什么样的结果，产生什么样的影响，让方案
设计师真正了解问题所在。

在下图中可以看到，我们在每一个问题点上进行了文字说明，并引导方案设计师下
一步的工作。

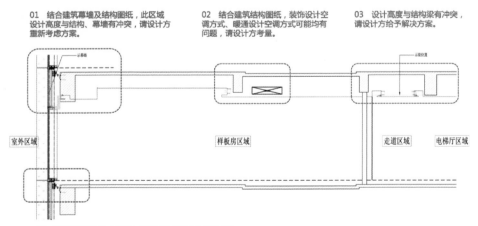

图中的文字说明

方案协调的第3步：得到解决方案。

所有协调工作的目的都是要得出一个有结论性的意见。在这个案例中通过一步一步协调，已经为方案设计给出清晰的调整路径，而且这个解决方案不会出现太多变数。

下图是方案设计调整后所出的深化图纸。

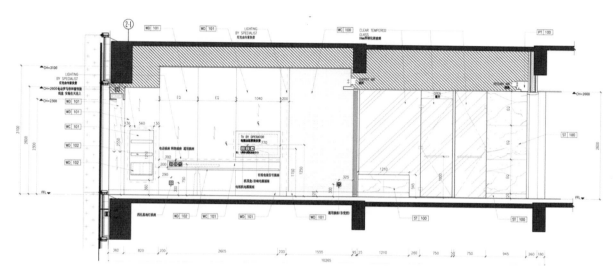

深化图纸

在这项协调中，建筑、结构设计作为既有条件，无法突破，方案就要调整。当然，在这个过程中一样会有往来沟通，一样会有确认、反复，但是能让方案协调的工作效率提升很多。

2. 专项协调

一个项目中有很多专项设计单位参与，建筑、结构、灯光、声学、机电、厨房等，这些单位有自己的规范、要求和设计重心，他们的设计是专业的，但很多时候也是孤立的，与装饰设计及其他专项设计之间往往缺少协调和沟通，形成"你干你的、我干我的"这种状态，导致不同顾问的专业提资叠加在装饰设计这个大底图上后，不可避免地会出现矛盾。

施工图设计师要面对的是各专项设计的信息和内容，判断这些是否符合设计要求，专项之间有没有冲突和不一致的地方，目标是通过协调工作让各个专项设计的内容全面并且和施工图纸完全匹配。

本书前面提到过，二次机电设计中的一些末端点位，可以由施工图设计师先布置，然后再交由二次机电设计师调整，也可以由二次机电设计师根据规范要求先设计，再由施工图设计师根据效果调整。下面这个案例采取的就是第二种方式，由二次机电设计师在满足规范要求的前提下先行设计。

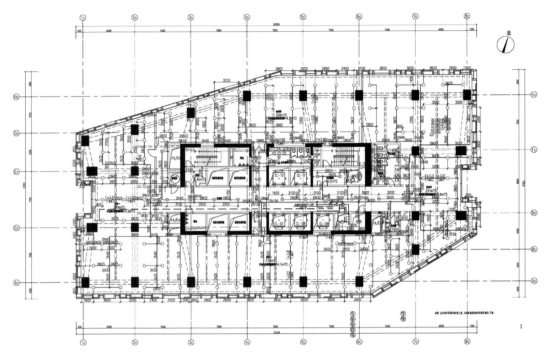

二次机电设计中的喷淋提资

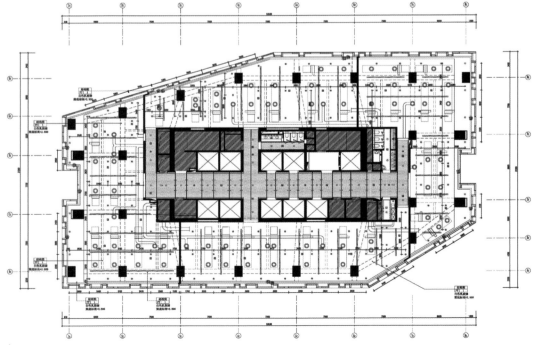

施工图设计综合天花布置图

在这个案例中可以看到，二次机电设计师只从消防规范的角度提供了一个喷淋的点位排布，但是用天花图进行叠图后发现，喷淋点位的布置存在很多的冲突。在这种情况下，就需要对二次机电设计师提供的喷淋点位进行调整，并整合到综合天花图上，然后将调整后的图纸发送给二次机电设计师复核，看调整后的喷淋点位是否能满足规范要求。如果没有问题，二次机电设计师会按照双方共同确认的点位调整图纸。

这个过程就是专项协调，它在保证了喷淋点位符合法规的同时，也满足了装饰设计的要求，并且保证了装饰图纸与二次机电图纸在点位数量和所在位置上的一致性。

3. 业主协调

与业主的协调主要集中在工作边界、设计变更、时间进度等几个方面，后两项在后面的篇章里具体说明。

如果按照本书前面讲的内容执行，施工图的工作边界在合约里都是有明确约定的，但是业主的合约部门和真正对接的设计负责人并不是同一批人，设计负责人对约定的内容也未必清楚，因此难免会有重复的解释以及对合约内容的探讨。如果遇到业主想要模糊工作的边界——这个要你做，那个也要你做，作为乙方的我们有时不得不做出妥协，会答应业主的一些要求。但是下面这些常见的跨界需求就要注意了：楼板搭建、楼梯的钢结构简单出图、出计算书；图纸送审需要帮忙盖章；智能化设计简单做一下；厨房设计简单做一下；灯光设计和选型简单做一下……这时必须向业主说明底线：作为装饰施工图设计方，这类要求已经超出我们的专业范围和资质范围了，没有办法帮忙，需要业主找到前面提到的专项顾问解决这些问题。

4. 施工协调

在施工协调中，重点是装饰图纸的错误和遗漏、现场与图纸的不符，以及工艺做法的指导；而目标是通过协调，最大限度地确保方案最终落地。

作为施工图设计师，在小型项目和大型项目的施工协调中，面对的问题和对问题的处理方式往往会有很大不同，这里还是以 dop 设计的情况来说明施工图设计师的作用。

作为方案设计师的代言人（毕竟，方案设计师，尤其是境外方案设计师，在施工协调中投入的精力并没有那么多），负责回答施工方对方案、材质、细节的疑问；作为施工图设计师，负责解决施工图的疑问以及现场矛盾的处理；作为施工督导，负责审核施工方对于施工图纸的深化，以及检查现场的完成情况。

如果施工方配合度比较高，需要协调的内容更会与设计本身的问题有关，而非工艺构造。

如果遇到施工方一味索要具体工艺做法，一味强调方案设计的种种不可实施，还是要以积极的态度去面对，可以尝试着提出自己的想法，让施工方配合实现。

下面来看一个 dop 设计在施工图协调中发生的真实案例。第 112 页、113 页图和 114 页上图这 5 张图是一个酒店项目的施工单位根据我们提供的图纸，给出的一份图纸疑问清单。

图纸会审记录

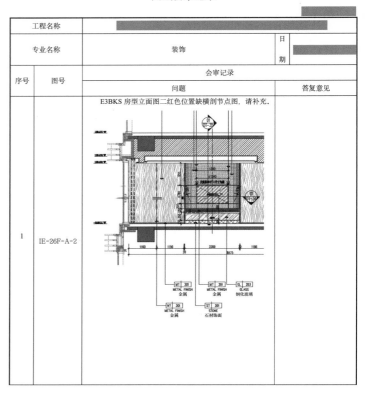

图纸会审记录

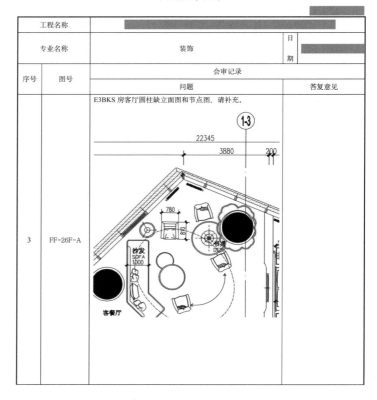

图纸会审记录

工程名称				
专业名称		装饰	日	
			期	
序号	图号	会审记录		
		问题		答复意见
6	PC-7F-LB	1. 电梯厅地面石材填充区域石材为ST-101，请明确电梯厅地面所有石材是否为同一种石材ST-101。 2. 请补充电梯厅石材排版方案和注明石材纹理方向。 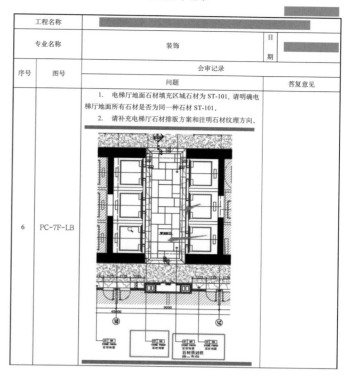		

图纸会审记录

工程名称				
专业名称		装饰	日	
			期	
序号	图号	会审记录		
		问题		答复意见
5	WM-7F-LB	现有图纸立面图中没有此处拐角立面，不明确其材质，请补充此处立面和剖面（转角关系）。 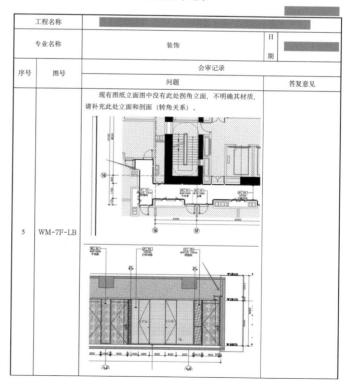		

从这份清单中可以看出，正规的施工方和施工单位首先在意的是设计本身和图纸完整、正确的问题，其次是材料，最后才是工艺做法。并且关于工艺和做法上的疑问，施工方会给出他们的深化建议，dop 设计要做的就是审核这些解决办法（优化后的节点）是否可行，以及是否会对设计方案有影响。下图是施工单位优化后的节点，dop 设计提出的要求是施工方需要说明优化的理由，并在图纸上体现出优化的具体内容。

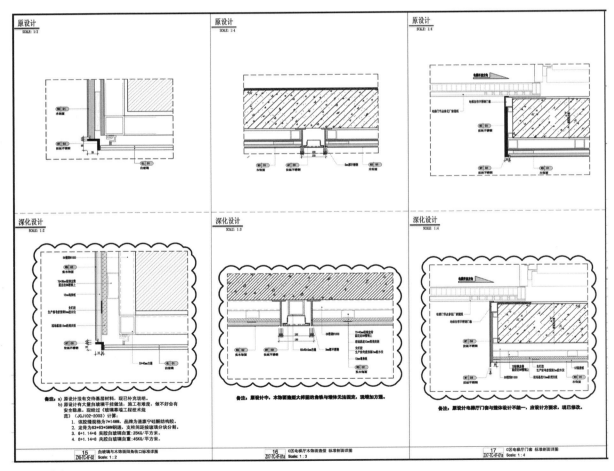

疑问清单

优化后的节点

dop 室内高端施工图项目流程管控

到这里算是施工协调的第2步工作完成，下一步就是对施工方提供的解决方案进行审核。下图是 dop 设计对施工单位的深化图纸给出的审核意见。如果施工单位对审核意见还有异议，双方还会再沟通。通过这样的协调过程，基本可以确保双方在方案与节点方面理解一致。

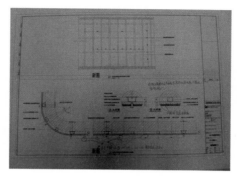

审核意见

在协调的过程中，重要的事情一定要通过邮件或书面形式沟通，并且在发送后得到对方的确认，确保所有协调工作都能留下路径和痕迹。

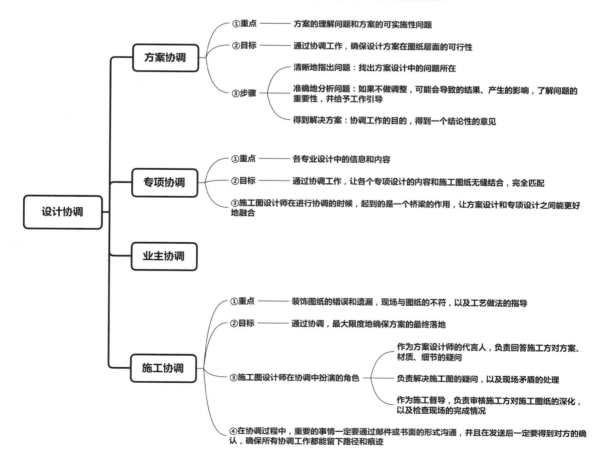

十二、
设计管理
——管事、管图

本书探讨的设计管理是指设计公司如何对项目和工作成果进行管理，不涉及公司层面的运营管理。

1. 工作管理

（1）进度管理
进度管理是工作管理中比较重要的内容，也是管理者精力和时间投入比较大的一部分工作，因为任何项目都无法完全按照既定规划完美进行，总会有变数产生，从而影响正常的工作进度。

内部的工作进度，通过科学的项目策划和工作计划就能管理，属于可控的进度。但由于业主工期变化或方案变更等外部因素而导致的进度变化，属于不可控的进度。对于不可控的进度，就算我们对可能出现的方案问题有足够的预判，依然难以避免出现问题。

例如，下页图的一个办公项目。业主负责人是李工，方案设计为 A 公司，深化设计为 dop 设计。

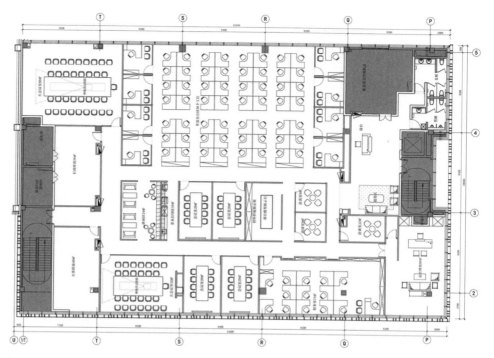

办公项目部分平面图

方案设计工作推进缓慢，平面布局和效果图业主一直在汇报调整中，没有最终确定。因为担心方案的不确定会带来返工，dop 设计的工作也无法正式开展，只能配合 A 公司做一些落地性研判，工作计划始终处于模糊的状态。在这个过程中，李工突然反馈，集团决定在春节前结束包括施工图在内的所有设计工作。考虑到方案有不确定因素，dop 设计迅速给出了一个反推后的计划，响应业主的时间，并且倒推了方案提资确认的时间。

设计进度表

按照计划进行了不久，业主就对平面布局和效果图进行了较大调整，A 公司需要时间变更方案并进行汇报，但是业主的最终提交时间并不改变，压力大部分给到了绘制施工图的人员。dop 设计为了配合业主进度，梳理了所有情况，并考虑增加人手和工作时间等因素后，提交了第二份工作计划，同时向李工强调了要完成这个计划需要满足的前提条件。

调整工作后的设计进度表

当第二份效果图得到业主的确认后，我们已经开始调整之前的施工图纸，可没想到，距离提交工作还有两周时间，业主再次推翻了某些楼层的平面布局和材料使用方案，并要求 A 公司在一周内完成方案变更，我们依然需要按原计划完成施工图。

按照这种情况，在春节前结束施工图工作已经不可能，我们希望计划能够顺延，但是李工态度比较强硬，认为业主没做太多变更，耽误的时间不多，最终完成时间不能改变，双方即将陷入扯皮状态。

于是，dop 设计把过程中的计划，以及每周定期发送的"工作记录表"整理出来，针对这个项目所有的变更以及时间线和李工进行了沟通，并且将所做的提醒和配合工作也都做了详细复盘。最终，李工向集团汇报后同意了我们的合理要求：没有变更的区域按原计划提交，变更的部分向后顺延。

通过这个案例可以发现，设计工作的计划永远赶不上变化，这些变化是一点一点、一步一步发生的，作为设计服务者必须适应这种情况，并且要及时记录。当变化累积到一定状态可能产生纠纷时，我们要能清晰地描述经过，用客观事实表达我们遇到的问题，得到业主的理解。同时也要考虑到像李工这样的管理者面临的压力，让他能够有充分的理由与上级沟通，为我们争取权益。

这里推荐一个表单——工作记录表。这张表就是一个项目流水账，主要是用来记录在项目实施过程中，甲、乙双方每天的工作事项与沟通内容，不管项目产生纠纷、回忆某段工作，还是项目结束后的自我复盘，它都可以作为一份备忘录使用。

工作记录表 WORK SHEET

编号： （第 页 / 共 页）

项目名称 PROJECT NAME：XX 办公项目		
项目编号 PROJECT NUMBER：		发文日期 ISSUED DATE：
发文单位 DISPATCHING UNIT：		收文单位 RECEIVING UNIT：

日期	内容	备注
12.16（周一）	1. 业主提供项目资料 2. 业主提出，平面布置需要我司帮忙修改，并提出修改要求	业主负责人现提供我司建筑、结构、原有施工图、设计范围图等资料
12.17（周二）	1. 业主发来平面方案图 2. 业主发来旧家具照片 3. 发送业主方案优化平面图，并根据修改意见进一步修改	优化内容： 1. 总监办公室位置调整 2. 总经理办公室空间优化 3. 增加一间 30 平方米的资料室
12.18（周三）	发送业主方案优化平面	业主已确认平面方案
12.21（周六）	出差北京参观 XX 集团总部办公楼	现场明确办公区可以参考北京集团的设计，局部简化降低造价，明确开放办公处理方式
12.23（周一）	1. 发给业主时间计划表和进一步优化的平面方案 2. 收到业主集采名单 3. 业主承诺 24 日提供确认的平面及效果图部位	
12.24（周二）	1. 业主发来平面方案手稿，与原方案彻底颠覆，希望我司画成 CAD，我方由于时间、人手的原因未答应 2. 业主承诺提供的平面图未收到	
12.25（周三）	1. 业主上午承诺今日提供平面方案和效果图部位 2. 业主提供确定的一层平面布置图，并告知一层方案可以开始做，一层大堂按照园区另一栋楼的大堂效果图设计 3. 业主明确了三张效果图的部位 4. 约定 27 日勘察现场 5. 业主今日未提供三层平面方案，承诺明日（26 日）提供确定的三层平面方案	业主提供一层大堂效果为上方连廊封闭的效果
12.26（周四）	1. 收到业主提供的三层平面布置图，但总经理办公室部位未确定，需要我方修改布局 2. 提供业主修改过的三层平面布局 3. 业主提出一层大堂的新要求 4. 发送业主大堂方案手稿（上方封闭），并做解释，业主坚持上方玻璃效果 5. 下午业主确定三层平面布置图，并提供家具利用旧清单 6. 晚上提供业主优化的一层、三层平面图	大堂新要求：一层大堂效果为上方连廊玻璃通透的效果

		现场勘查明确如下内容：
12.27（周五）	1. 项目现场考察 2. 发业主问题清单	1. 一层大堂接待台样式及材料可参考主楼 2. 三层卫生间洁具品牌选用科勒，地毯自选 3. 三层总经理茶室台盆取消，改用饮水机
12.30（周一）	1. 业主通知三层平面布局有修改，并明确这稿是确定版 2. 我方告知业主时间会后延，并发送延后的时间计划，业主要求年前出图 3. 提交一层大堂效果图 4. 业主通知一层平面图局部修改 5. 业主通知一层大堂方案方向错误（按园区方案），要按照北京集团大堂的方向做 6. 我方提供业主新的问题清单 7. 我方提供领导办公室效果图，业主不满意，要求先找参考图，当天晚上已提供 8. 我方提供办公区效果图，业主不满意并提出修改要求	
12.31（周二）	1. 提供业主三个部位的效果图 2. 业主对新的效果图提出修改意见	

工作记录表

这份表单在长线项目，尤其是设计周期跨度在半年以上的项目中，可以发挥很大的作用。但工作记录表并不是设计单位的一本私人日记，一定要在项目过程中和业主同步（可以一周发送业主一次），这样才能起到帮助和提醒业主的作用。

（2）成本管理

前面提到设计变更会影响工作进度。同样，设计变更也会导致设计成本的增加，尤其是项目中后期的变更，因为这会牵扯大量的改图工作，而这部分工作量完全在计划之外，会导致成本的增加。

设计变更导致改图的解决办法很多设计师并不陌生，就是争取变更费用（我们接受修改，但是不接受没有费用的修改）。常见的做法是约定当图纸修改量超过一定的比例时，另行收取变更费用，但是这里有几个现实的问题困扰着所有设计师：这个比例是怎样计算出来的？怎样判断变更量超过了这个比例？超出的部分按什么标准来收费？计算出来的设计变更费用业主承认吗？没有人能给出明确的说法。因为除了平面的设计面积增加，几乎所有的设计变更都无法客观地描述工作量。dop设计同样无法解决这个行业难题，在这里提供两个相对常见的变更比例计算方法。

①按修改图纸的数量取费

比如，一个项目的平面方案并没有做很大面积的调整。但由于局部的调整，导致连带的很多图纸同时需要变更，这种情况就需要先确定每张图纸修改所占总图纸的百分比。比如，表格中的这个项目一共有50张图纸，那么修改一张图纸的工作量就是1除以50，得到修改一张图纸的工作量是2%，在同一个项目中，这是一个固定数值。

工作量增加清单

序号	图纸名称	图纸编号	增加的工作内容	修改工作量	占总的工作量	
0	封面	000	/			
1	目录	001	/			
2	材料表	002	/			
3	施工说明（一）	003	/			
4	施工说明（二）	004	/			
5	施工说明（三）	005	/			
6	施工说明（四）	006	/			
7	施工说明（五）	007	/			
8	施工说明（六）	008	/			
9	施工说明（七）	009	/			
	平面					
10	平面设计图	P-01	改门库 增加调整排水槽 增加调整北天井，参考南天井 北天井增加门及门套 增加北天井折叠移门	40%	0.80%	
11	平面尺寸图	P-02	调整平面后的尺寸	10%	0.20%	
12	改建、新建墙体图	P-03	调整及增加墙体尺寸	5%	0.10%	
13	地坪设计图	P-04	修改调整地坪	40%	0.80%	
14	地坪空调建议图	P-05	修改调整空调位置及尺寸	10%	0.20%	
15	综合天花图	P-06	/			
16	天花设计图	P-07	/			
17	天花灯具图	P-08	/			
18	非天花灯具图	P-09	/			
19	灯具回路图	P-10	/			
20	强弱电点位图	P-11	修改增加地插座	3%	0.06%	
21	给水点位图	P-12	/			
22	排水点位图	P-13	/			
23	空调点位建议图	P-14	/			
24	立面索引图	P-15	/			
	立面系统图					
25	忠义堂 立面图	E-01	立面门洞后退及立面造型调整 门套调整 增加卫生间镜上方暗藏灯	40%	0.80%	
26	忠义堂 立面图	E-02	立面门洞后退及立面造型调整 门套调整 南天井玻璃门增加边框	60%	1.20%	
27	忠义堂 立面图	E-03	门片增加镂空雕花 南天井玻璃门增加边框	30%	0.60%	
28	忠义堂 立面图	E-04	调整天井内排水槽 调整修改门洞	30%	0.60%	
29	忠义堂 立面图	E-05	取消投影幕 南天井门后退 南天井玻璃门增加边框 北天井增加玻璃门 北天井增加大门洞	60%	1.20%	
30	忠义堂 立面图	E-06	取消投影幕 南天井门后退 南天井玻璃门增加边框 北天井增加玻璃门 北天井增加大门洞 修改调整门套	60%	1.20%	
31	忠义堂 立面图	E-07	取消投影幕 调整修改门洞 南天井玻璃门增加边框	50%	1.00%	
32	忠义堂 立面图	E-08	调整修改门洞 南天井玻璃门增加边框	50%	1.00%	
33	忠义堂 立面图	E-09	调整修改门洞 门内增加神龛雕花	30%	0.60%	
34	忠义堂 立面图	E-10	增加北天井大门立面及节点	100%		
	大样图					
35	天花 大样图	D-01	调整修改灯带为斜装LED灯	30%	0.60%	
36	地坪 大样图	D-02	/		0.00%	
37	地坪 大样图	D-03	修改南天井内排水槽、增加外排水暗槽 增加北天井地坪放大，和此图坪再一张	100%		
38	接拼舞台 大样图	D-04	舞台放样重新调整 增加栏杆及放样尺寸	100%		
39	门厅、投影幕 大样图	D-05	调整投影幕 取消投影幕	40%	0.80%	
40	茶水备用间 大样图	D-06	变更饰面材料	5%	0.10%	
41	卫生间 大样图	D-07	增加镜子上方灯带 修改灯带为斜装LED灯	10%	0.20%	
42	墙身 大样图	D-08	横梁装LED灯带重新调整	10%	0.20%	
43	贵宾会客区入口移门 大样图	D-09	此门洞后退，调整门套	100%		
44	贵宾会客区入口移门 大样图	D-10	此门洞后退，调整门套	100%		
45	茶水准备间门 大样图	D-11	中间增加镂空雕花	5%	0.10%	
46	南天井玻璃门 大样图	D-12	玻璃门增加边框	5%	0.10%	
47	卫生间移门 大样图	D-13	/			
48	卫生间前室门 大样图	D-14	中间增加镂空雕花	5%	0.10%	
49	更衣室门 大样图	D-15	/		0.00%	
50	更衣室门 大样图	D-16	增加门套图纸，北天井两个门，一个折叠大门及门套详图	100%		
			总计		12.56%	增加工作量
					6张	新增图纸

工作量增加清单

在确定好这个数值后，下一步就是判断这张图纸的修改百分比，这就要设计师凭主观经验判断了，比如，在这个案例表单中，序号为 10 的这张平面设计图修改的内容占原图纸的 40%，那么这张图纸修改的实际工作量等于 2%×40%，也就是表格后面统计的 0.8%。通过这种方式会得到另一个计算公式：单张图纸变更比例 =1÷ 图纸总张数 × 单张图纸修改量占比。而总的图纸设计变更比例就是将所有单张图纸变更比例加总。变更累计到超出约定的数量后，再和业主商讨变更费用。

这种方式适合零散的方案修改，如果修改总量比较大，那么可以采取第二种方式。

②按方案最终修改的总面积取费

下图是一个办公项目，通过图中的文字叙述可以看出，这个项目的平面方案修改了 5 次，立面造型修改了 3 次，新增了 2 次设计范围，总共的修改面积和新增设计面积达到了 1543.82 ㎡，这个面积早已超过了原平面方案的设计面积，也就是修改面积超过了 100%，这里为了计算方便，按 100% 来计算。

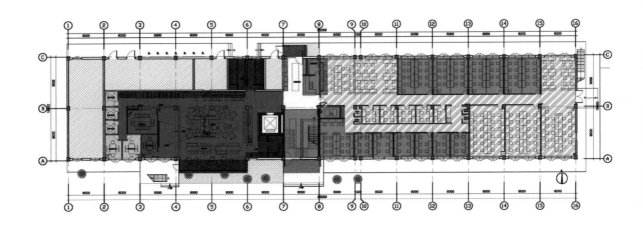

增加设计范围，面积：55.6 m²   墙面造型更改三次

修改一次区面积：738.15 m²   办公区玻璃隔断更改两次

修改二次区面积：266.26 m²

修改四次区面积：101.62×3=304.86 m²

修改五次区面积：24.55×4=98.2 m²

取消夹层后另增加夹层区，修改两次区面积：   1F 总共修改面积为 1543.82 m²

40.38×2=80.76 m²

平面方案修改

如果协议中规定，超过 30% 另行收取费用，那么就需要对剩下的 70% 另行收费，当费用收取的量确定好后，下一步就是确定每平方米项目修改的单价。假设原设计费是每平方米 100 元，最终会得到一个计算公式：图纸修改追加费用 = 项目总面积 ×（修

改面积所占项目总面积的比值－30%）×（每平方米设计费 × 项目进度百分比）。

这种方式比较适合平面方案大面积调整的情况，但对于很多零星的图纸修改就很难计算，比如，平面没有调整，只是调整了立面造型，调整了装饰标高。如果是这种情况，可以采用第一种计算方式。

除了上述方式，还有的国外设计公司会根据人工单价来计算设计变更的追加费用，不同等级的设计师对应不同的工时费用，根据变更投入的不同设计师以及不同的时长，来进行统计计费。

大家可以看到，不管采用哪种工作量计算方式，都无法做到完全客观，必定会有设计师主观的判断存在，而这些就会变成业主不认可或者扯皮的矛盾点。因此，施工图设计师能做的是把每次变更的原因、工作量客观记录下来，最终的追加费用谈判仍然需要和业主进行耐心细致的沟通，在双方互相理解的情况下才可能有好的结果。

2. 图纸管理

作为以施工图服务为主的公司，施工图纸是主要产品之一，如果图纸质量不过关，等于出产的是残次品，必定会影响公司的竞争力甚至生存。大家都有一个共识，提高图纸质量的一个重要手段就是加强质检（审图）。

提到图纸审核，有人会说："画图还来不及，哪有时间审图啊？"这句话生动地反映了图纸审核的现状。在当下的行业环境中，制图周期紧张，设计变更频繁，如果还想要在图纸全部结束后再留出单独的时间进行图纸审核，在审核完成后再修改错误，已经变得不现实。所以，碎片化、阶段化、常态化就是未来图纸审核的特点。

为了帮助设计师有效审核图纸，快速发现问题，很多设计公司都做了大量努力。比如设置审核清单，把一张图上的该有的内容、易错的内容逐一罗列，然后按照这些条目逐一检查图纸，希望设计师依靠这些指导性的工具，让画图和审图的能力有大幅提升。dop 设计也尝试过建立自检和互检体系，根据审图后的图纸质量好坏来进行相应的奖惩，但效果并不明显。

除了审图以外，还有以下措施能够提升图纸质量。

（1）样图打头
这里说的样图打头，是指在项目策划中，确定制图标准所需要制作的样图，目的是让项目参与人员有一个统一的标准，以免后期因为图纸标准问题大量改图。这样做还有一个作用：能够让大家认识到，不能寄希望于图纸审核能毕其功于一役。如果将审图工作全部放在成图以后，就算发现了图纸问题，也很难有足够的时间修改。所以，我们要做的是样图打头，在项目进行过程中持续对图纸进行审核，最后再对图纸有一个最终的把关。这样就会把审图的压力和修改时间分摊到项目的整个过程中，而不是将审核工作积压到最后。

（2）明确底线

要明确公司有哪些底线是不能突破的，不能以项目时间比较紧为由，忽视图纸当中的重大问题。在条件不理想的状况下，可以先主攻重点区域，对于次要区域做相应的取舍，通过适当减少数量和深度来提高效率，秉承"宁可做少，不能做错"的原则。

（3）提升素质

就目前的情况来看，不管使用什么样的工具和管理方式，都很难在短时间解决图纸质量的问题，唯一能有效提升图纸质量的方法依然在于人。只有全员的素质底线和责任心得到提升，图纸的质量才能得到提高，毕竟图纸最终还是由设计师来绘制，也是由设计师来审核的。这就需要管理者不停地指导和培训，让图纸质量的重要性真正地深入人心。

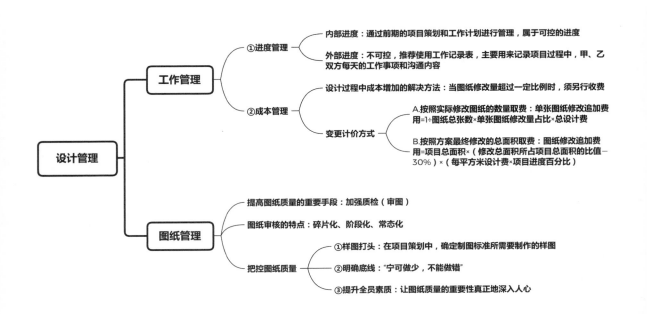

dop 室内高端施工图项目流程管控

十三、

成果提交

——成果的提交，代表着收款节点的到来

设计成果的阶段性提交或者是最终提交，都代表着设计工作的一个里程碑，也代表着合约中的收款节点终于到来。

设计成果提交不是电子版打包发邮件，打印图纸快递给业主这么简单的事情。我们需要清晰地了解提交哪些成果，以何种形式提交，需要做什么工作，花费多少时间。这些都需要完善的计划和正规的程序。

1. 设计成果提交

对于设计成果提交，需要注意 3 个方面的问题。

（1）成果形式
①纸质图纸

两种纸质图纸

纸质图纸有两种，白图和蓝图。

白图的好处在于打印方便，图幅在 A3 以内的话，公司内部就可以直接操作打印。但白图不具备正规图纸的效力，更适用于一些不需要设计资质和报批报审的中小项目。白图还有一个缺点就是打印成本较高，尤其是在需要提供多套图纸的时候。

打印硫酸纸底图再进行影印蓝图的传统方式现在越来越少了，由于线上审图的普及，目前更多采用数码高清蓝图打印的方式。

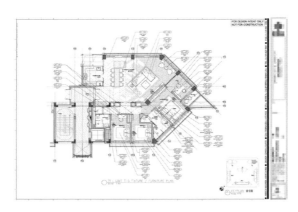

PDF 电子文件

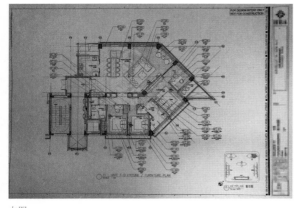

白图

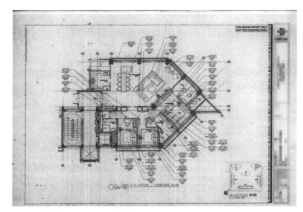

蓝图

②电子版本

施工图的电子文件，一般是指 CAD 文件和 PDF 文件。一些特殊的项目，可能还需要提供配套的 BIM 模型文件和 RVT 文件。提交电子文件的好处在于，文件本身可编辑，可以看到细节，可以直接调取需要的数据。提交电子文件的时候有两点需要注意：一是在提交 CAD 文件的同时，需要提供打印样式文件、参照文件和特殊字体文件；二是提交的 CAD 文件需要保存为低版本（dop 设计默认的保存版本为 CAD2007），以免因为业主使用的 CAD 版本过低，导致文件无法正常打开。

另外，某些设计院、业主、审图公司都有自己的平台，提交的电子版施工图纸需要按照这些平台的要求进行拆分、命名才能够上传成功。这些工作非常耗费时间，提交图纸时如果遇到这种情况，一定要预留出充足的时间。

③实物提交

实物主要指的是材料实物样板，有些项目需要深化设计配合提供材料实物样板，实物样板是否需要贴标签，标签内容是什么，是否需要在 KT 板上粘贴，都需要提前确认。

④光盘（u 盘）

目前以光盘形式提交图纸的做法已经很少使用了，但在投标项目中还会有应用。设计公司会根据投标要求，将图纸资料刻录进光盘，然后封标提交。

（2）图纸数量

正规项目的施工图纸一般需要提供 8 套，但是并不固定，具体数量取决于业主的需求。dop 设计参与的一些项目，甚至有要求 20～30 套的。之所以要这么多，原因在于大型项目参与的单位多，包括招投标单位、监理、管理公司、业主设计部门、工管部门、成本采购部门、不同标段的施工单位、机电安装单位等。

在提供图纸时还需要注意，业主对图纸数量的需求往往并不是一次性的，很可能是先要几套，再要几套，当图纸变更后，还需要提供新版图纸。所以要做好每次提供图纸的记录，避免出现混乱。

（3）装订形式

图纸的装订形式有两种：一种是普通装订，另一种是叠图。项目中常规使用的图纸，基本都是采用普通装订方式。这种方式的好处在于，查看图纸比较方便，需要了解哪部分的信息可以随手翻查。而且图纸是装订在一起的，在翻看过程中也不容易丢失。

普通装订

施工图纸用在政府部门报审或存档时，一般要求叠图，也就是把图纸按照一定的方式，一张一张折叠成 A4 大小后，用绳子捆扎好。标准档案盒就是 A4 大小，这样更便于存放和管理。

叠图

2. 成果提交的程序

成果提交程序指的是图纸在绘制完成后从输出到交付给业主的整个过程。一般情况，这个过程大概有 9 个步骤。

（1）输出 PDF 文件

对于图纸打印来说，现在已经很少直接使用 DWG 格式的文件打印，更多的是先将 DWG 格式的文件导出 PDF 文件，之后再打印。这种方式的好处在于，可以避免因为缺少字体、参照文件、打印样式文件等导致图纸打印时出错。而且，很多业主在对成果提交的需求中，也明确提出需要提供图纸的 PDF 文件。

需要注意的是，在使用 CAD 制图时，我们经常会使用一些细点和淡显的方式进行填充表达，这样的表达在 PDF 电子文件和白图上看会显得更精致，为图面加分。但在蓝色图纸（蓝图）的背景上，一些图纸的细节会变淡，在蓝图上显示不清，最终造成读图的障碍。所以，在图纸绘制时应该考虑到这方面的问题，并提前打出样图判断。

（2）图纸审核、签章

电子版图纸提交项目负责人审核，审核通过后加盖电子出图章。

（3）上传审图平台

图纸上传的方式根据各地方要求也不尽相同，比如，图纸文件格式和图纸命名方式等都有不同要求，需要设计公司进行相应的调整。

不同设计院需要签字的负责人

（4）审图公司审图

审图意见修改完成，审图通过后，加盖审图合格章，取得相关审图合格文件。

（5）文印公司打图

从审图平台上下载审图合格版图纸打印，下载下来的图纸文件已有电子红章，可根据业主需要选择蓝章蓝图还是红章蓝图。

（6）装订或叠图

根据具体要求对蓝图进行装订或叠图。

（7）快递送图

当图纸装订好后，下一步就是将图纸快递给业主，快递的凭证一定要保存好，并将快递的单号和快递公司名称发送给业主。

（8）图纸签收单签字留底

图纸签收单一般和图纸一起邮寄发出，业主收到图纸之后在图纸签收单上签字，再将签收单邮寄给我们留底，也可以让业主把签过字的签收单拍照发送给我们留底。

以上就是正常项目设计成果提交的全过程。如果对图纸提交没有具体要求，我们可以和业主协商，选择双方认可的简单方法。

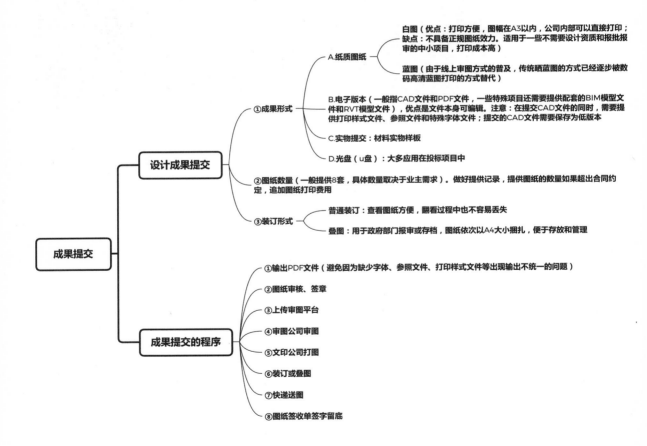

后期阶段
LATE STAGE

十四、项目服务——站好最后一班岗：亡羊补牢或者锦上添花

十四、
项目服务
——站好最后一班岗：亡羊补牢或者锦上添花

一个完整的设计项目除了包括方案设计和图纸表达外，还包括项目服务。随着设计行业越发成熟，项目服务也变得越来越重要，并且很多时候，项目服务已经成为体现一家设计公司专业性的重要指标。在项目实施的过程中，因为优质的设计服务而弥补了前期设计中的一些缺陷和不足，得到了业主的认可，或是通过设计服务对原本的设计成果进行了优化，从而让项目更加完美，都是一种亡羊补牢或者锦上添花的有效手段。

下面介绍一下常规项目服务包含的内容。

1. 施工交底

为什么要进行施工图交底

目的一：让施工单位（投标单位）在最短的时间内对项目的设计内容、施工界面有一个比较全面的了解。

一个项目从方案设计到施工图设计，包含了多个专业，每个专业中还有细分，这导致大体量的项目中室内设计内容非常繁杂。施工单位（投标单位）作为最后的项目实施者，接触项目相对较晚，接触图纸的时间也较短，对设计内容的了解不够充分。如果一个项目有上千张施工图纸，其中还有多个专业穿插，仅靠施工单位自己慢慢理解，效率会很低。

目的二：对施工单位提出设计层面的要求。

对施工单位提出的要包括项目中有哪些重点、难点，需要在施工过程中进行研究深化的；哪些方面是在设计阶段存疑，需要借助施工单位落地复核的；现场深化的顺序以及审核流程等需要明确的。所以，想要让施工单位快速了解项目全貌，尽快进入施工状态，最好的方式就是由设计师向施工单位进行施工交底。主导施工交底的大多是施工图设计师，因为施工图设计师对业主和方案设计师的需求，以及各专业设计的配合了解得最为全面。

下面以 dop 设计参与的一个商业项目案例来介绍施工图交底的基本内容。

首先，由业主会召集设计管理人员、工程管理人员、方案设计方（境外公司委托 dop 设计作为代表，自己不出席）、施工图设计方（dop 设计）、各标段施工单位（分管技术的项目经理和项目工程师）进行现场施工交底会。

在项目交底开始前，业主需要提前把最新的纸质和电子版图纸发送给各施工单位，让各单位先熟悉相关内容。dop 设计会将方案文本和施工图纸做一个结合，制作一份 PPT 交底文档。在交底时，以这份交底文档为基础，进行项目介绍。

以 PPT 文件的方式进行交底要比只用施工图纸更加直观，施工单位对设计的理解会更加透彻，进而提高施工交底的效率。

施工交底时，对项目设计的总体描述与前面讲到的内部团队设计交底类似，包括以下几项内容。

a. 介绍项目名称、所在地址、设计单位等信息。
b. 平面分析：各楼层的平面功能规划和面积指标。

商业 1F 平面分析

商业 2F 平面分析

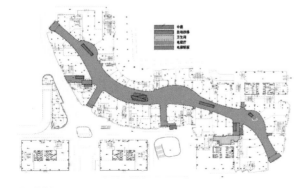
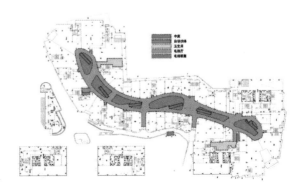

平面分析

c. 立面分析：各楼层的垂直交通流线、中庭分布关系。

商业立面分析

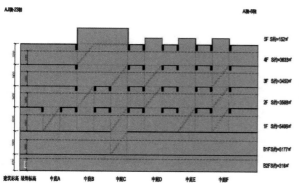

商业立面分析

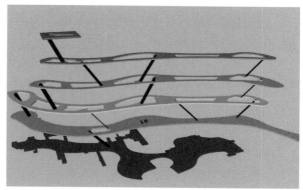

立面分析

d. 主要用材分析：地坪、天花、立面所用主要装饰材料。

商业 1F 天花板材料分析

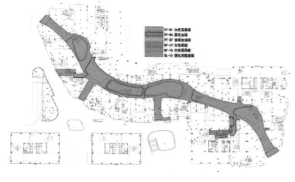

商业 1F 立面材料分析

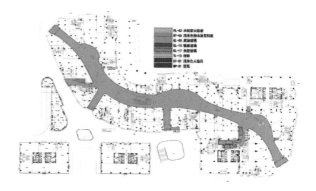

主要用材分析

e. 设计重点分析。

标准柱

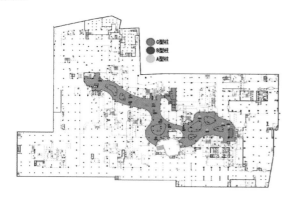

A/B/C 型柱

主要用材分析

另外，还要注意设计方关心的一些问题，如在设计阶段，某些地方的标高从图纸资料上来看，有可能存在空间尺寸不足的问题，需要施工方现场复核；方案中有些特殊造型、材料是关乎设计效果的，前期经过长时间沟通，业主希望尽力实现。没有充分理由，施工单位不能通过改变方案和替换材料的方式来解决问题；绘制施工图时，其中的一些工艺做法仍有疑虑，需要施工单位配合优化相应的工艺做法。

交底会结束后，需要各施工单位回去深入了解图纸，并在规定时间内把对图纸的疑问以书面形式提交出来。

2. 设计巡场

大部分设计师应该都有设计巡场（下工地）的经历。设计巡场的目的是去现场发现问题，看现场有哪些地方和设计方案不符；同时也能提升设计师的落地能力。

很多时候，设计师画图时并不理解为什么要这样画，只是看到别人这样画，自己也这样画。而去设计巡场，能帮助我们很好地将自己绘制的图纸与现场的实际做法结合起来，提升对施工图设计的理解。

对于去现场发现问题，很多设计师会有不同的看法，觉得项目都有监理单位，为什么还需要我们去现场发现问题呢？监理更多的是发现项目中的质量与安全问题，对于装饰效果层面的内容并不在意。所以，要想保证项目最大限度还原设计方案，设计师就有必要进行设计巡场，发现、解决现场与设计方案中不符的问题。

那么应该怎么发现问题呢？毕竟对一些大型项目来说，仅是全部逛一圈就会花费很长时间，我们不可能关注所有的细枝末节。我们可以把设计巡场分成 3 个阶段。

（1）看放线

第一阶段看的是放线。一个项目在正式进入施工阶段后，除了拆除以外，第一件要做的事就是墙体放线，在施工单位根据施工图纸放完线以后，就需要进行设计巡场。施工单位会将放线时产生的问题与我们对接。之后，我们对一些容易出现问题的位置进行复查，比如，一些关键墙体的位置、过道尺寸和门洞尺寸等。

接下来还要确认施工方根据装饰标高所做的标高控制线是否能够满足设计要求。接下来，对于主要的天花造型也会在地面上放出轮廓，检查图纸上看起来没有问题的比例实际放出来后，是否依然合适。

上述所有动作在真正的施工开始实施前都是重要的检查手段，一旦发现了问题都是可以协商调整的，不会造成较高的返工成本。

（2）确认机电末端点位

第二阶段，在隐蔽工程施工结束前，设计巡场要着重对机电末端点位的所在位置进行确认，看是否符合设计数量、位置的要求，是否有错漏，末端的位置和墙面材料的排版是否有冲突，是否影响美观。

（3）确认造型和饰面材料的使用

第三阶段，当基础造型完成时，设计巡场需要确认造型的尺度和正确性，饰面材料的使用是否符合设计的要求。

在设计巡场时，要对每一次的巡场过程进行拍照记录，尤其是那些现场与设计方案不符的地方，不仅要拍照记录，还需要进行相应的文字描述，整理后形成巡场报告，发送给业主和施工单位，协调整改。

如果设计内容中包括了二次机电，在设计巡场时也需要机电设计师一起去现场复核，以确保二次机电能按照设计方案落地。

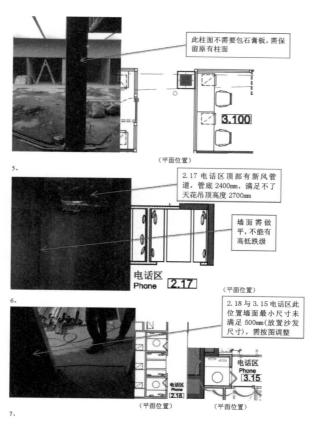

设计巡场记录

如果设计内容中包括了二次机电，在设计巡场时也需要机电设计师一起去现场复核，以确保二次机电能按照设计方案落地。

3. 协调例会

大型项目会定期举行协调会议，让所有参与项目的单位阶段性地聚集在一起，对项目中出现的问题和进度状况进行沟通，讨论解决方案。

在这种会议上，各方都会提出自己的诉求，业主也会指出相关问题，跟施工图设计有关的常见内容有：

图纸有缺失、错误；各专业图纸不匹配；

图纸和现场不匹配，需要设计变更；

现场实施无法落地，需要设计变更；

业主或方案设计产生了新的设计变更要和现场各单位交底、下发等。

深化设计作为设计的最末端一环，同时也是兜底的一环，对于这些问题首先要有判断，深化设计是不是可以直接做出决策。如果是，那就拿出专业态度，在会上通过讨论尽快给出解决方案；如果不是，是需要前端方案设计师判断，还是需要和其他专业顾问协调？不能马上给出回复的，一定不要草率回答，这种情况下的标准回复应该是：我们需要时间协调，并且复核这个问题，会在 X 天之内给予回复。

例会的会议纪要通常会由监理记录，但是和设计有关的问题，建议施工图设计师主动单独记录，这样会更加具体翔实。会议纪要整理完成后，应该在第一时间发送业主及相关单位，作为后续工作的依据。

4. 驻场设计

驻场设计并不是每个项目都需要，大型项目的施工过程中，问题多、时间紧，需要设计单位及时反应，仅靠设计巡场和协调例会不能满足需求时，才会派驻设计师到现场办公，这样可以提高效率，加快项目的进度。

驻场设计的工作一般包含 5 个方面的内容。

（1）完成图纸尚未完善的内容

由于项目的时间比较紧，为了能尽快完成项目招标和图纸送审工作，一些次要空间的图纸并不完善，驻场设计期间会对这部分图纸加以完善。

（2）参加现场例会，协调、收集、解决与设计有关的问题

驻场设计师需要参加现场例会，第一时间了解各方反馈的设计问题，最后给出相应的解决方案。

（3）现场巡视与变更处理

通过现场巡视，发现现场情况、施工成果与方案设计不符等问题，经过沟通得出解决方案后，相应产生的设计变更由驻场设计师完成，并形成变更文件发送给各单位。

（4）做好设计公司与业主、施工单位之间的信息传达

驻场设计师作为设计公司和项目之间的桥梁，一个很重要的作用就是信息的传达，这种传达是双向的，既包括施工单位发现问题需要传达给业主或方案设计师，也包括业主或方案设计师因为功能的调整或方案的变更，需要将信息传达给施工单位。决定权更多的是在业主和方案设计师那里，但具体的落地沟通工作还是由驻场设计师完成。

（5）审核施工单位的深化图纸

在大型项目中，施工单位需要对装饰图纸进行现场深化，在工艺做法、基层选择、材料排版等方面达到能够加工落地、成本优化的目的。驻场设计师需要和施工单位沟通，判断哪些优化是合理的，可以以施工单位的经验建议为准；哪些优化改变了方案设计的原则，需要施工单位继续调整。

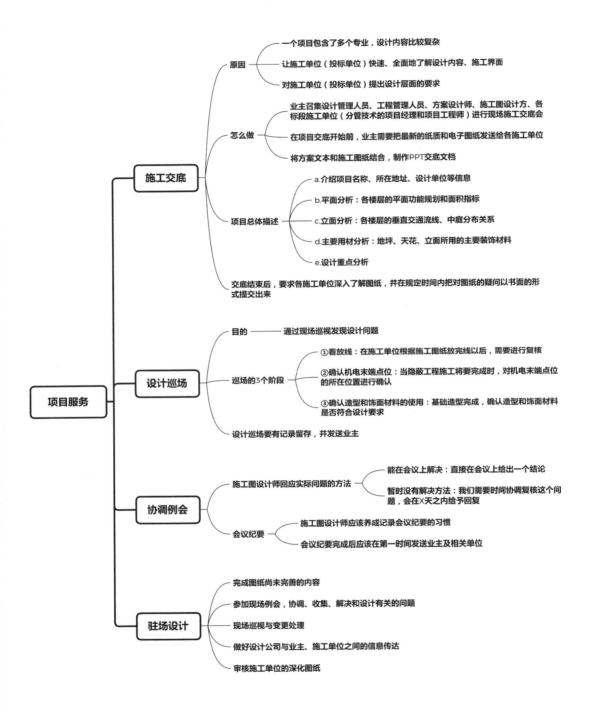

施工交底
　原因
　　一个项目包含了多个专业，设计内容比较复杂
　　让施工单位（投标单位）快速、全面地了解设计内容、施工界面
　　对施工单位（投标单位）提出设计层面的要求
　怎么做
　　业主召集设计管理人员、工程管理人员、方案设计师、施工图设计方、各标段施工单位（分管技术的项目经理和项目工程师）进行现场施工交底会
　　在项目交底开始前，业主需要把最新的纸质和电子图纸发送给各施工单位
　　将方案文本和施工图纸结合，制作PPT交底文档
　项目总体描述
　　a.介绍项目名称、所在地址、设计单位等信息
　　b.平面分析：各楼层的平面功能规划和面积指标
　　c.立面分析：各楼层的垂直交通流线、中庭分布关系
　　d.主要用材分析：地坪、天花、立面所用的主要装饰材料
　　e.设计重点分析
　交底结束后，要求各施工单位深入了解图纸，并在规定时间内把对图纸的疑问以书面的形式提交出来

项目服务

设计巡场
　目的
　　通过现场巡视发现设计问题
　巡场的3个阶段
　　①看放线：在施工单位根据施工图纸放完线以后，需要进行复核
　　②确认机电末端点位：当隐蔽工程施工将要完成时，对机电末端点位的所在位置进行确认
　　③确认造型和饰面材料的使用：基础造型完成，确认造型和饰面材料是否符合设计要求
　设计巡场要有记录留存，并发送业主

协调例会
　施工图设计师回应实际问题的方法
　　能在会议上解决：直接在会议上给出一个结论
　　暂时没有解决方法：我们需要时间协调复核这个问题，会在X天之内给予回复
　会议纪要
　　施工图设计师应该养成记录会议纪要的习惯
　　会议纪要完成后应该在第一时间发送业主及相关单位

驻场设计
　完成图纸尚未完善的内容
　参加现场例会，协调、收集、解决和设计有关的问题
　现场巡视与变更处理
　做好设计公司与业主、施工单位之间的信息传达
　审核施工单位的深化图纸

结语
EPILOGUE

本书对一个项目从启动阶段到结束服务阶段需要掌握的内容做了一次全面的讲解，但了解这些内容也只能代表项目管控的起步。本书的内容可以提升设计师的项目管控技能，只有反复地练习，才能真正掌握这项技能。

如果现在你还没有带领过团队，也还没有自己承接过项目，可能会缺少一些练习的条件。但只要想提升自己这方面的能力，在工作中应该不会缺乏练习的素材。建议大家可以分模块练习。比如，我们想练习"工作范围"这项内容，可以在自己过往的项目中找到最初业主发送过来的项目资料，根据原始平面图和项目任务书中的要求，再按照本书所讲的内容反复勾画和分析设计范围。当熟练掌握了这一部分的内容之后，再练习其他内容。

其他的相关知识点依此类推，都可以使用这种方法刻意练习，当练习的量足够大的时候，项目管控的技能自然就会提高。

图书在版编目（CIP）数据

dop室内高端施工图项目流程管控／赵鲲，张庆，
陈郡东著．－－桂林：广西师范大学出版社，2024.8.
ISBN 978-7-5598-7211-1

Ⅰ．TU767

中国国家版本馆 CIP 数据核字第 2024HS7535 号

dop 室内高端施工图项目流程管控

dop SHINEI GAODUAN SHIGONGTU XIANGMU LIUCHENG GUANKONG

出 品 人：刘广汉

策划编辑：高　巍

责任编辑：冯晓旭

助理编辑：马竹音

装帧设计：六　元

广西师范大学出版社出版发行

（广西桂林市五里店路 9 号　　邮政编码：541004

网址：http://www.bbtpress.com ）

出版人：黄轩庄

全国新华书店经销

销售热线：021-65200318　021-31260822-898

恒美印务（广州）有限公司印刷

（广州市南沙区环市大道南路 334 号　邮政编码：511458）

开本：787 mm×1 092 mm　　　1/16

印张：9.5　　　　　　　　　字数：150 千

2024 年 8 月第 1 版　　　　　2024 年 8 月第 1 次印刷

定价：98.00 元